T0135568

Jeanne de Reding

Georges de Redmont

Die Wissenschaftliche Neubegründung
Der Traditionellen Chinesischen Medizin

Bibliografische Information der Deutschen Nationalbibliothek

Die Deutsche Nationalbibliothek verzeichnet diese Publikation in der
Deutschen Nationalbibliografie; detaillierte bibliografische Daten sind
im Internet über http://dnb.d-nb.de abrufbar.

ISBN 978-3-8325-3417-2

Logos Verlag Berlin GmbH
Comeniushof, Gubener Str. 47,
10243 Berlin
Tel.: +49 (0)30 42 85 10 90
Fax: +49 (0)30 42 85 10 92
INTERNET: http://www.logos-verlag.de

C`est à prouver notre reconnaissance suprême
à
Mme. le professeur Samantha Badhra

Inhaltsverzeichnis

Vorwort

Diese Schrift geht auf einen Dialog zwischen dem auf die Logik der Antike und antiken Wissenssystemen spezialisierten Wissenschaftstheoretiker Georges de Redmont und der in Zürich praktizierenden Naturärztin-TCM/SBO Jeanne de Reding zurück. Im Zentrum dieses Dialogs stand die Frage nach der Wissenschaftlichkeit der Traditionellen Chinesischen Medizin (TCM). Ein typischer populärwissenschaftlicher Kommentar zu diesem Thema lautet wie folgt: "Von wissenschaftlicher Seite, insbesondere der evidenzbasierten Medizin, wird die therapeutische Wirksamkeit vieler Behandlungsmethoden der TCM bestritten. Viele Annahmen der TCM widersprechen naturwissenschaftlichen Erkenntnissen. Einige empirisch belegte Wirkungen werden auf Placeboeffekte zurückgeführt." (*http://de.wikipedia.org/wiki/Traditionelle_chinesische _Medizin*, Zugriff am 4. Dez. 2012). Diese Kritik an der TCM geht davon aus, dass die evidenzbasierte Medizin über vollständige und widerspruchsfreie klinische Nachweisverfahren in puncto Wirksamkeit bestimmter Therapieformen und Pharmazeutika verfügt, und dass die angeführten "naturwissenschaftlichen Erkenntnisse" objektive wissenschaftliche Maßstäbe darstellen. Beides wird in diesem Buch widerlegt. Darüber hinaus wird gezeigt, dass erst die im *daodejing* enthaltene Physik von Yin und Yang sowie die sich aus der taoistischen Mengenlehre der Null ergebende Kosmologie der Transphysikalischen bzw. Superphysikalischen RaumZeiten des Tao eine brauchbare wissenschaftliche Grundlage zu einer konsistenten Naturerkenntnis liefert, sodass sich der Sachverhalt gerade umgekehrt verhält: Der wissenschaftliche Taoismus ist eine im Sinne konsistenter logischer, mathematischer, geometrischer und physikalischer Beweisführung gültige Naturtheorie, während die westliche Arithmetik, Geometrie und Physik und die auf sie gegründeten Naturwissenschaften anti-logische Theorien darstellen.

Der wissenschaftliche Taoismus verändert, stärkt und bereichert die TCM, was wegen des hier vorgestellten neuen naturwissenschaftlichen Weltbilds im Übrigen auch für andere Richtungen der Komplementärmedizin gilt. Dies geht aus dem von Jeanne de Reding erarbeiteten 3. Kapitel dieses Buches mit den drei Fallbeispielen hervor. Georges de Redmont zeichnet für die Kapitel 1 und

2 verantwortlich, die für die Fallbeispiele in Kapitel 3 die theoretischen Grundlagen liefern. Zu Kapitel 3 steuerte er den mathematischen Formalismus bei.

Neuilly-Sur-Seine
im Dezember 2012

Vorwort
zur zweiten Auflage

Für die zweite Auflage wurde Kapitel 1.1 neu verfasst. Wesentlicher Grund hierfür war das Bedürfnis, die neuen mathematischen Forschungsergebnisse aus de Redmont`s *Money and Capital in Online Exchange Communities,* speziell in Bezug auf das Tertium non datur, zu berücksichtigen. Mit zwei weiteren axiomatisch voneinander unabhängigen Widerlegungen des Tertium non datur werden die beweistechnischen Anforderungen, die unter Berücksichtigung von Gödels Zweitem Unvollständigkeitssatz an arithmetische und verwandte Systeme zu stellen sind, durch weitere Systeme erfüllt.

Prigos
Im Mai 2013

1. Die Mathematik, Geometrie, Physik, Kosmologie und Eschatologie der Null

1.1 Einführung in die mathematischen Systeme zum Nachweis der TCM

1.1.1 Systeme, Axiome und Theoreme

Die wesentlichen Begriffe der TCM: „Yin" und „Yang" bzw. „Yin-" und „Yang-Organe", „Yin-" und „Yang-Fülle" bzw. „-Leere" etc., „Qi" bzw. „Qi-Stagnation", „Meridian" bzw. „Meridiansystem", „Triggerpunkt", „Fernpunkt" (Akupunktur) u.v.m. haben ein naturphilosophisches (taoistisches) und empirisch-therapeutisches Fundament, gehören aber keinem, etwa wie nachstehend definiertem, wissenschaftlichen System an, sodass man von der TCM zum jetzigen Zeitpunkt nicht als von einer theoretischen Wissenschaft sprechen kann. Zweck dieser Schrift ist es, die TCM als theoretische Wissenschaft zu begründen und den Nutzen einer solchen Begründung zu skizzieren.

Das für den Zweck dieser Arbeit - der wissenschaftlichen Neubegründung der TCM - gewählte wissenschaftliche System, besteht aus den folgenden Systemen, Axiomen und Theoremen:

1. *Systemzugehörigkeit*: *(i)* Fünf meta arithmetische Systeme; *(ii)* Meta Mengentheorie; *(iii)* Meta-Geometrie und Geometrie; *(iv)* Transarithmetik (sprachmathematische Systeme); *(v)* Superarithmetik.

2. *Systemaxiome bzw. Systemtheoreme*:

- Der mengentheoretische Nicht-Ort;
- Die meta arithmetische Null;
- Fünf meta arithmetische Gleichheitszeichen;
- Das meta arithmetische Minuszeichen;
- Die drei logischen Aussagen des eleatischen Tertium non datur;
- Die Anti-Logik;
- Das Nichts;
- Der Intraquotient;
- Die eleatische Subtraktion;

- Der eleatische Grenzwert;
- Die eleatische Divisionsfunktion;
- Axiome der Newton`schen und Einstein`schen Physik;
- Das arithmetische Negativ;
- Die mimetische Null;
- Der Kreis aus der Quadratrur der Gleichheit;
- Die Sätze 1 – 3 der post-euklidischen Geometrie;
- Die pythagoreischen meta arithmetischen Gleichungen;
- Das Tao (die Null);
- Die taoistischen nicht-analytischen natürlichen Zahlen;
- Die taoistische Subtraktion;
- Die taoistischen meta mengentheoretischen Elementfunktionen;
- Die taoistischen transphysikalischen Gleichungen;
- Die Meta Arithmetik der Trigramme und Diagramme des Taiji;
- Die taoistischen super physikalischen Gleichungen;

Diese Axiome und Theoreme gehören insgesamt 19 mathematischen Systemen an (P_1 - P_{19}).

Alle Axiome und Theoreme unterliegen Beweissätzen auf der Basis des Zweiten Gödel`schen Unvollständigkeitssatzes (axiomatische Unabhängigkeit der Theoreme bzw. Beweissätze bzw. Meta Theoreme und Meta Beweissätze).

Alle Beweissätze (Theoreme und Meta Theoreme) unterliegen Meta Theoremen zweiten und dritten Grades (müssen selbst bewiesen sein).

Die Meta Theoreme zweiten und dritten Grades sind, der Forderung David Hilberts entsprechend, finit.

1.1.2 Die Inkonsistenz und Unvollständigkeit der heutigen Arithmetik

Kurt Gödel wird zweifach widersprochen und der Widerspruch zweifach bewiesen:

1. Der von Gödel angeführte *Principia Mathematica* Beweissatz „Ich bin nicht beweisbar" ist nicht unvollständig (Erster Unvollständigkeitssatz). Denn der Begriff der Unvollständigkeit setzt voraus, dass das Tertium non datur (eine Aussage gilt oder gilt nicht, „ein Drittes gibt es nicht") die Vollständigkeit des oben zitierten Beweissatzes noch herstellen könnte. Dies ist nicht der Fall, da das Tertium non datur die Definition des mathematischen *Nichts* ist und als solches kein Meta Theorem zweiten Grades sein kann (ein Theorem, das als Beweissatz eines Theorems dient) (siehe Kapitel 1.6). Es gilt vielmehr das *ex nihilo nihil fit* (die identische Gleichheit des Nichts mit sich als einzige Aussage über das Nichts, die von der Identität als logischer Gleichheit in Form eines Schlusssatzes über das Nichts hergestellt wird, siehe Kapitel 1.7). In de Redmont 2013, Kapitel 1.1.4, wurde die Herleitung des Nichts aus dem Tertium non datur axiomatisch unabhängig bestätigt. Brouwers Forderung nach der Zurückweisung des Tertium non datur (Scholz 2006) wird insofern widersprochen, als es sich nicht darum handeln kann, das Tertium non datur aus Logik und Mathematik zu entfernen, sondern allein darum, es als konsistentes Axiom der Arithmetik zu erfassen, nämlich als Definition des Nichts.

2. Die Gültigkeitsvermutung für andere (möglicherweise: für *alle* anderen) Axiome und Theoreme der Arithmetik gilt nicht (Scholz 2006). Kein einziger arithmetischer Operator und Operand ist widerspruchsfrei und vollständig definiert (siehe, was die ariithmetische „Gleichheit", das Minuszeichen und Divisionszeichen angeht, die Kapitel 1.2 - 1.8; im Übrigen sei an dieser Stelle auf die vier Unvollständigkeitstheoreme zur Arithmetik in de Redmont 2013, Kapitel 1.1.4 und 1.2.2 verwiesen).

Bevor überhaupt an eine wissenschaftliche Neubegründung der Traditionellen Chinesischen Medizin (TCM) auf mathematisch-physikalischem Weg gedacht werden kann, muss die Arithmetik aufgrund ihrer heutigen Unvollständigkeit und Widersprüchlichkeit über finite Beweissätze teilweise neu aufgebaut werden (siehe dazu auch de Redmont 2010 und 2013).

1.1.3 Die Unvollständigkeit des Zweiten Gödel`schen Unvollständigkeitssatzes

Der Zweite Unvollständigkeitssatz Gödels besagt, dass jedes hinreichend mächtige und widerspruchsfreie arithmetische System (bzw. „verwandte" System) nur durch ein von diesem axiomatisch unabhängiges System bewiesen werden kann. Die Forderung der Widerspruchsfreiheit ist hier irrelevant, da sie *ex-ante* nicht gegeben ist (siehe Kapitel 1.1.2). Als Meta Theorem zweiten Grades bringt der Zweite Unvollständigkeitssatz zum Ausdruck, dass jedes arithmetische Axiom bzw. Theorem ohne einen wie oben definierten Beweissatz nicht vollständig ist, oder anders ausgedrückt, dass arithmetische Axiome und Theoreme solange als reine Hypothesen zu gelten haben, solange sie nicht durch axiomatisch unabhängige Systeme bewiesen sind. Dieser Beweis Gödels ist insofern von Bedeutung, als die Arithmetik ohne Beweissätze nicht als gültige Theorie angesehen werden kann. Da die meisten rationalen Wissenschaften auf arithmetischen Axiomen beruhen, gilt diese Aussage entsprechend auch für die auf Physik beruhenden modernen Naturwissenschaften. Jeder Behauptung, dass es sich bei den modernen Naturwissenschaften um gültige (bewiesene) wissenschaftliche Theorien handle, ist seit Kurt Gödel mit aller Entschiedenheit zu widersprechen. Da auf keiner wissenschaftlichen „Packungsbeilage" der Zusatzvermerk „Vorsicht: Bei den hier getroffenen Aussagen handelt es sich um reine Hypothesen" zu lesen steht, sondern vielmehr häufig der Eindruck vermittelt wird, bei den Aussagen der modernen Naturwissenschaften handle es sich um „Wahrheiten", kann nicht, wie in den Human- und Kulturwissenschaften behauptet, der postmoderne Relativismus (der auch als kritische Distanz verstanden werden kann) als Epochenparadigma gelten, sondern es muss vielmehr von einem Rückfall in die Vorrenaissance gesprochen werden, von einem Wiederauferstehen der Scholastik als Neo-Scholastik. Diese Neo-Scholastik ist Zeitungeist und Anti-Kultur, und steht der Auslöschung des selbständigen Denkens durch das Vierte Konzil von Konstantinopel von 869/70 in nichts nach. Die heutige Wissenschaftskultur als „finsteres Mittelalter" zu bezeichnen, ist eine unsachliche Untertreibung. In Wirklichkeit handelt es sich um die Herrschaft des mathematischen und physikalischen Nichts als Mimesis, Mimikry und Nemesis des Sein bzw. um den in der heutigen Anti-Kultur versuchten Seinsanspruch des Nihilismus (de Redmont 2010 und 2013), der sich mit Nationalsozialismus und Kommunismus erstmalig und vorläufig politisch als globaler Flächenbrand angekündigt hat.

Gödels Meta Theorem zweiten Grades ist doppelt unvollständig:

1. Es fehlt eine Definition dessen, was unter der axiomatischen Unabhängigkeit von Theoremen und Meta Theoremen zu verstehen ist.

2. Es fehlt eine Definition dessen, was unter der Finitheit von Beweissätzen (Regressionslosigkeit) zu verstehen ist bzw. wann Beweissätze als finit anzusehen sind.

Diese Unvollständigkeit wurde durch die *Exkurse I* und *II* in den Kapiteln 1.3 und 1.5 beendet. In de Redmont 2013, Kapitel 1.1.3, befindet sich außerdem eine beide obige Punkte aufgreifende vollständige Theorie des mathematischen Beweises, die wir hier wie folgt zusammenfassen:

> *Ein arithmetisches (oder einem verwandten System angehörendes) Axiom bzw. Theorem ist dann finit bewiesen, wenn es als Menge aufgefasst werden kann, deren Elemente aus zu prüfenden Schlusssätzen bestehen, wobei diese mit jenen von mindestens einer anderen Menge (Axiom bzw. Theorem) gleich zu sein haben und zusätzlich mit dieser bzw. diesen eine Schnittmenge existiert, die mindestens einen Schlusssatz enthält, der mindestens ein gemeinsames Axiom aufweist.*

Daraus folgt, dass jeder finite Beweis nach dem Prinzip der *Gegenseitigkeit* zweier oder mehrerer Mengen (Axiome bzw. Theoreme) entsteht, was bedeutet, dass sich unabhängig gewonnene, aber gleiche Schlusssätze über eine axiomatische Brückenfunktion immer gegenseitig beweisen. Dies entspricht insofern intuitiver Wahrnehmung, als zwei mathematische Axiome bzw. Theoreme eines gemeinsamen axiomatischen Nenners bedürfen, um miteinander „kommunizieren" zu können und die Gegenseitigkeit dabei sicherstellt, dass das Gesamtsystem geschlossen ist und somit keinem Regress unterliegt.

Die durch die Beweistechnik bedingte systemische Doppelgleisigkeit wird auch in Bezug auf alle nicht-arithmetischen Systeme (Mengenlehre, Sprachmathematik) angewandt. Denn genauso wie die Arithmetik aus der Mengenlehre folgt (in ihr enthalten ist), ist die Mengenlehre in der Sprachmathematik enthalten, sodass sich die auf Gödel beruhende Beweistechnik deduktiv auch für die oben genannten nicht-arithmetischen Systeme ergibt („Babuschka-Prinzip").

Alle Beweisätze, die der obigen Beweisdefinition entsprechen, werden im Folgenden als „konsistent" bzw. „Gödel-konsitent" bezeichnet. Liegen mehrere Mengen mit einer gemeinsamen Schnittmenge vor, wird auch von „super Gödel-Konsistenz" gesprochen.

Die Definition des finiten Beweissatzes ist rekursiv d. h. sie ist selbst durch eine weitere Menge in der Art bewiesen, wie sie es für oben genannte Mengen der unterschiedlichen mathematischen Meta Systeme vorschreibt (für sie gilt selbst, was sie von anderen Mengen − Axiomen und Theoremen − fordert). In diesem Sinne sind die *Exkurse I* und *II* in diesem Buch das Gödel`sche Beweistheorem des Kapitels 1.1.3 in de Redmont 2013 als Meta-Axiom und das gleiche gilt umgekehrt auch, sodass die hier vorgestellte Beweistheorie selbst Gödel-konsistent ist.

1.1.4 Sein, Nichts und logischer Monismus

Ursache für die arithmetische Inkonsistenz, Unvollständigkeit und anti-logische Vernichtung der Arithmetik als Theorie von Raum und Zeit (siehe nächstes Kapitel 1.1.5), ist das Tertium non datur, $f(x)$ $[f(x) \lor \sim f(x)]$ („Funktion $f(x)$ gilt oder gilt nicht"). Wie in Kapitel 1.6.1 auf der Grundlage des von Parmenides (* um 520/515 v. Chr.; † um 460/455 v. Chr.) hinterlassenen Fragments *Über* *die Natur* und an anderen Stellen[1] super Gödel-konsistent nachgewiesen wird bzw. wurde, bedeutet das Auftreten des „oder" (logisches Symbol: „∨") die Vernichtung der arithmetischen bzw. meta arithmetischen Raum- und Zeitoperatoren „=" und „-" (Gleichheits- und Minuszeichen) und deren Ersatz durch das abbasidische[2] Minuszeichen „$-_\phi$", die logische Gleichheit „$=_{log}$" und das *Nichts* (arithmetisches Symbol: [ ]$_\phi$), den nicht aufgedeckten (anti-logischen) Hauptoperatoren der heutigen Arithmetik.[3] Was das abbasidische Minuszeichen angeht, so war und ist, ontologisch gesprochen, die *schlussendliche* Selbstvernichtung eines sich aus dem Sein zum Teilungs- und Trennungsoperator herauslösenden Minusoperators (die Entstehung des arithmetischen Nichts aus dem Minuszeichen der heutigen Arithmetik) nicht zu verhindern und die heutige Arithmetik löst sich durch das Tertium non datur entsprechend selbst auf (Selbstvernichtung der Arithmetik).[4] Bis zu diesem Punkt - immer im Sinne einer sich real vollziehenden Ontologie als physikalische Erdentwicklung gedacht - existieren die Schlusssätze der heutigen Arithmetik nur aufgrund der bereits erwähnten logischen Gleichheit, „$-_\phi$", die vernichtete arithmetische Raum- und Zeitoperatoren ersetzt. Die Epistemologie, die den Einsatz der logischen Gleichheit ermöglicht (die nicht mehr empirisch durch vorhandene arithmetische Axiome gestützte, sondern nur mehr in rein gedanklicher Deduktion gewonnene Gleichheit), folgt hier der Ontologie, die sie als Ermöglicher Natur eingesetzt hat. Indem der Mensch also den logischen Operator epistemologisch einsetzt, vollzieht er das tatsächliche Schicksal des Sein nach (seine Ermöglichung als Natur und ihre immerwährende Erneuerung und Rettung). An dieser Stelle spricht sich also das Sein im Menschen über sich selbst als im Chaos existentes Erdensein aus, woran zu erkennen ist, dass alles Erkennen

---

[1] de Redmont a. a. O., Kapitel 1.1.4. vgl. dazu ferner die eleatische Chaostheorie (de Redmont (2010), S. 77ff.

[2] Auf die Bedeutung der abbasidischen „Schule der Weisheit" (abbasidisches Kalifat, 9./10. Jahrhundert n. Chr., Hauptstadt Bagdad) wird weiter unten noch kurz eingegangen.

[3] Es handelt sich hierbei um das, was im Folgenden als „eleatisches Tertium non datur" bezeichnet wird. Mit dieser Bezeichnung wird die vom Vorsokratiker Parmenides im Gedichtfragment *Über die Natur* vorgenommene Behandlung folgender Begriffe bezeichnet: „Ist", „Nicht-Ist" und „Ist-Nicht" bzw. „Nichtsein" und „Nichts". Vgl. zu den eleatischen Grundbegriffen Parmenides, Aletheia, 8.16. Das eleatische Tertium non datur wird in Kapitel 1.6.1 dargestellt und stellt dann die Grundlage für die Zurückweisungen der Kapitel 1.6.2 - 1.6.5 dar (Newton'sche und Einstein'sche Physik).

[4] Diese „Nicht-Verhinderung" ist Grundlage der eleatischen Chaostheorie. Vgl. de Redmont a. a. O., S. 77 ff.

Selbstgespräch des Sein im Menschen ist, purer logischer Monismus, der über das den Sinnen sich offenbarende So-Sein der Natur weit hinausreicht, weil dieses Erkennen ins Sein als Logoswelt hineinführt.

1.1.5 Arithmetik als Wissenschaft von Raum und Zeit

Die meisten naturwissenschaftlichen Fachgebiete greifen auf die Physik als Grundlagenwissenschaft zurück. Innerhalb der Molekularbiologie, die ihrerseits Grundlage für die Physiologie ist, spielen beispielsweise die physikalischen Axiome über die schwache Wechselwirkung (Elektrodynamik) eine wichtige Rolle (aktiver Zelltransport). Die Physik wiederum steht zu den Axiomen der Arithmetik in einem dualen Verhältnis. Einerseits ist sie Methodik, also Ausdrucksmittel. Andererseits gilt die Umkehrung: Die Physik ist Methodik der Arithmetik bzw. *deren Ausdrucksmittel* oder, anders ausgedrückt, *deren* angewandte Wissenschaft.[5] Denn, wie das gesamte Kapitel 1 zeigt, enthält die Arithmetik sowohl in ihrer heutigen inkonsistenten bzw. unvollständigen Form, als auch in ihrer konsistenten und vollständigen Form, Axiome über Raum und Zeit bzw. *ist* - was letztere betrifft und in Gestalt der durch das Tertium non datur immerfort vernichteten Operatoren „=" bzw. „-", Raum und Zeit.[6] Das gleiche gilt für die Mengentheorie und die Geometrie (deren Mitte in der Hierarchie mathematischer Meta Systeme die Arithmetik einnimmt). In diesem Sinne sind alle hier eingeführten arithmetischen bzw. meta arithmetischen Axiome und Theoreme nicht nur immer zugleich Physik, sondern auch Mengentheorie und Geometrie.

---

[5] de Redmont (2010) S. 108.
[6] Was die inkonsistente und unvollständige heutige Arithmetik betrifft, ergibt sich dieser Zusammenhang etwa aus der „Lokalitätsbehauptung" der Differentialrechnung. Vgl. dazu de Redmont a. a. O., S. 89 ff. sowie de Redmont (2013) Kapitel 1.3.

1.1.6 Der west-östliche Divan oder die einheitliche Weisheit des Orients und Okzidents

Die im 42. Kapitel des *daodejing* enthaltene *Arithmetik und Mengenlehre des Tao* (Kapitel 1.9 und 1.10.2), aus der sich die dreigliedrige transphysikalische taoistische RaumZeit ableitet (Kapitel 1.10.3), wird durch eine konsistente Interpretation des pythagoreischen Hauptsatzes als meta arithmetisches, arithmetisches und geometrisches System (Gesamtaxiom) finit bestätigt, was ebenso umgekehrt gilt. Diese Systeme sind einander und aneinander somit sowohl Gödel-konsistente Gesamtaxiome als auch Gesamttheoreme. Da diese Raum-Zeiten zudem mit der Parmenidischen Auffassung des Tertium non datur übereinstimmen (eleatisches Tertium non datur, Kapitel 1.6.1), handelt es sich um ein mengentheoretisch definiertes Mehrfachbeweissystem (und damit das Erreichen der super Gödel-Konsistenz).[7] Dieser Status ergibt sich auch für das *Qi* als Ausdruck der Äther- und Astralraumzeit. Denn der siebte sprachmathematische Satz zur Null aus der taoistischen Transphysik, die johanneische Sprachmathematik und die Theorie des eleatischen Farblichts[8] enthalten, verstanden als Mengen, nicht nur identische Schlusssätze, sondern verfügen in ihren Schlusssätzen auch über ein gemeinsames Axiom als Schnittmenge (das Minuszeichen als eingefaltetes Gleichheitszeichen).

Durch diese, an entscheidenster Stelle existente, doppelte super Gödel-Konsistenz ergibt sich - was Eschatologie, Ontologie, Epistemologie, Mathematik, Geometrie und Physik angeht - eine, der etwa gleichen Zeitepoche zuzurechnende (6. Jahrhundert v. Chr.) und in der Geistesgeschichte der Menschheit einmalige, orientalisch/okzidentale *Koinzidenz*, die Ost und West im Sinne der Einheit der großen Schulen der Weisen - zu sprechen ist hier vom Dreigestirn Laozi, Parmenides, Pythagoras – miteinander durch ein unsichtbares Band verbindet. Dieses Band ist erst mit und durch den *abbasidischen Sturz* in den Hintergrund getreten, der die Arithmetik zu einer dreigestaltigen Wüste des vernichteten freien Geisteslebens gemacht hat: Inkonsistenz, Unvollständigkeit und Anti-Logik. Der abbasidische Sturz erfolgte in der Nachfolge des Kalifats des abbasidischen Herrschers Harun ar-Raschid (786 bis 809) als Ergebnis des

---

[7] Vgl. de Redmont (2013) S. 8.

Wirkens jener Mathematiker und Astronomen der sogenannten „Schule der Weisheit", deren Werke über die mittelalterlichen Universitäten (hauptsächlich) Spaniens in der westlichen Geisteswelt Verbreitung gefunden haben und in der Folge über Jahrhunderte - ohne irgendeine mathematische Hinterfragung zu evozieren (Einführung von Prüf- bzw. Beweissystemen) - zu einer Art Besitzstandsaxiom des menschlichen Geistes mutiert sind, das erst durch Kurt Gödel infrage gestellt wurde.

1.2 Die Null als das Gleiche

Zusammenfassung: Die Grundlagenkrise in der Mathematik in den 20`er Jahren des letzten Jahrhunderts zeigte, dass die Axiome und Theoreme der heutigen Arithmetik dem zweiten Unvollständigkeitssatz Gödels nicht genügen. 1931 griff Gödel ein Theorem der *Principia Mathematica* heraus, von dem er behauptete, dass es unentscheidbar sei, weil es sich dem Tertium non datur entzöge (Erster Unvollständigkeitssatz). Abgesehen davon, dass Gödel`s erstes Theorem inkonsistent ist, weil der zitierte *Principia Mathematica*[9] Beweissatz dem konsistent aufgefassten Tertium non datur (als Definition des mengentheoretischen, arithmetischen, geometrischen und physikalischen *Nichts*) entspricht (siehe den ersten Agendapunkt in Kapitel 1.1 dazu und den Beweis in Kapitel 1.6.1), zeigt die Arbeit Gödels doch heute für jedermann, dass die Axiome und Theoreme der Arithmetik ungesichert sind, solange sie nicht bewiesen sind. In diesem Kapitel wird die Inkonsistenz zweier zentraler arithmetischer Axiome nachgewiesen: 1. Das arithmetische „gleich". 2. Die *Principia Mathematica*/Zermelo-Frenkel Null. Das Gleichheitszeichen ist das *Sein* als *Gleichsein* und *ist*. Das Sein (als Gleichsein und ist) ist die Null.

---

[8] Vgl. nochmals de Redmont (2010) S. 158 ff.

[9] Die *Principia Mathematica* („mathematische Prinzipien" bzw. „Mathematische Grundlagen") sind ein dreibändiges, von Bertrand Russell und Alfred North Whitehead verfasstes Werk über die Grundlagen der Mathematik (erstmals erschienen zwischen 1910 und 1913), das auf analytischer Basis (Beispiel: die reellen Zahlen sind „Zahlenklassen" und damit Summen ihrer Teile) arithmetische Gleichungen als logische Schlusssätze interpretiert und die Legitimation ihrer Axiome daher auf formal-logische Aussagen zurückführt. Diese Begründung der Arithmetik ist deshalb bestimmend geworden, weil sie sie weder zum Gegenstand reiner Empirie macht (Konvention?, Evidenzbeweis?), noch auf umstrittene epistemologische Positionen reduziert (Kantscher Apriorismus!).

Ausgangspunkt der Untersuchung ist die arithmetische Rekursion *sum (0) = 0*, die besagt, dass die Summenfunktion der Null die Null ist. Weil diese Summenfunktion reflexiv ist, gilt *(1.2-1) (0) = $_A$[(0) = 0]$_A$*. An dieser Stelle sei daran erinnert, dass es in der für die Arithmetik grundlegenden PM (hier: analytische Theorie reeller Zahlen) und ZF nach Auffassung Gödels „sogar relativ einfache Probleme aus der Theorie der gewöhnlichen ganzen Zahlen gibt, die sich aus den Axiomen (der Arithmetik, d. Verf.) nicht entscheiden lassen."[10]

Die Summenfunktion lässt sich wegen $_B$[(0)]$_B$ in [(0) = $_B$[(0)]$_B$ = 0] auch mengentheoretisch darstellen, wobei $_B$[(0)]$_B$ das gemeinsame Element zweier Mengen *(0)* ist, deren arithmetischer Ausdruck *(1.2-2) (0) = (0) =$_a$ (0) = (0)* ist. Gegenüber *(1.2-1)* fehlt allerdings das Glied $_c$[= 0]$_c$. Dieses Fehlen wird als „Nicht-Sein von $_c$[= 0]$_c$" bzw. als „Nicht-Ort von $_c$[= 0]$_c$" definiert. Dieser „Nicht-Ort von $_c$[= 0]$_c$" hat die mathematische Form *(1.2-3)$_c$[= 0]$_c$ - $_c$[= 0]$_c$ = $_D$[ ]$_D$*, wobei das Innere von *Klammerung D* den „Nicht-Ort von $_c$[= 0]$_c$" bezeichnet. Die Subtraktion *(1.2-3)* kann auch nach der Definition des Minuenden als *x = z + w*, wobei *x* = Minuend, *z* = Quotient und *w* = Subtrahend, als *z + w - w = z$_1$ = z$_2$* bzw. *(1.2-4) $_D$[ ]$_D$ + $_c$[= 0]$_c$ - $_c$[= 0]$_c$ = z$_1$ = z$_2$* bzw. *$_c$[= 0]$_c$ - $_c$[= 0]$_c$ = $_D$[ ]$_D$ = z$_2$* geschrieben werden, was zur weiteren Lösung *(1.2-5) $_c$[= 0]$_c$ = $_c$[= 0]$_c$ = - $_D$[ ]$_D$* führt. Es folgt die Definition der Null mit

$$0 = [= {}_D[\ ]_D] \qquad \textit{(1.2-6)}$$

und

$$0 = {}_c[= 0]_c \qquad \textit{(1.2-7)}$$

Die Aussagen *(1.2-6)-(1.2-7)* führen zu folgenden Sätzen:

1. Wegen *(1.2-8) $_D$[ ]$_D$ = 0* gilt, dass die Arithmetik aus der Mengentheorie abzuleiter ist;

---

[10] Gödel, a. a. O., S. 174f. Diesen Satz Gödels fassen wir wiederum nicht als Axiom auf, sondern als Hinweis auf die ungesicherte Axiomatik der Arithmetik.

2. In der Arithmetik gibt es nicht nur das PM/ZF „gleich" für das „="-Zeichen, sondern auch das „ist". Dies geht aus *(1.2-9)* $_c[=_b\ 0]_c =_a [=_b\ _D[\ ]_D]$ hervor. Da das PM/ZF „gleich" als *Gleichstellungsfunktion* nach rechts- und linksseitigen Operanden verlangt, die beiden „$=_b$"-Zeichen in *(1.2-9)* dieses Kriterium aber nicht erfüllen, sind sie das „*ist*" in der Arithmetik. Durch das „*ist*" erhält die Arithmetik ein neues Hauptaxiom;

3. Durch $_c[=_b\ 0]_c$ mit der Aussage (von rechts nach links gelesen) „*die Null ist*" ist das ZF-Axiom $0 = \{\ \}$, mit $\{\ \}$ = *Nichts*, widerlegt;

Die Sätze *1 - 3* sind bewiesen, da die Axiome „$_D[\ ]_D$" und „$=_b$" weder ZF noch PM angehören und damit die Zirkularität des Arguments ausgeschlossen ist.

Wird Ausdruck „$_D[\ ]_D$" in *(1.2-6)* durch Linksverschiebung zu „- $_D[\ ]_D$ " und gemäß *(1.2-5)* ersetzt, ergibt sich *(1.2-10)* $0 =_a =_b 0 =_b$. Die so gefasste Null stellt mengentheoretisch aus *(1.2-11)* $_E[=_b\ _F[0]_E =_b]_F$ die Mengen *(1.2-12a)* $_G[=_b\ 0]_G$ und *(1.2-12b)* $_H[=_b\ 0]_H$ bzw. *(1.2-12c)* $_G[=_b\ 0]_G\ _H[=_b\ 0]_H$ dar. Wird andererseits *(1.2-7)* in *(1.2-6)* eingesetzt, sodass *(1.2-13a)* $0 =_a =_b 0$ entsteht, und umgekehrt *(1.2-6)* in *(1.2-7)*, ergibt sich *(1.2-13b)* $0 =_b =_a =_b 0$ bzw. *(1.2-13c)* $_G[=_b\ 0]_G =_a\ _H[=_b\ 0]_H$. Das „$=_a$"-Zeichen in *(1.2-13c)* ist mit der Lücke zwischen den beiden Mengen in *(1.2-12c)* gleich, die mit „$_I[\ ]_I$" definiert ist. Ausdruck „$_I[\ ]_I$" ist mit „$_D[\ ]_D$" gleich, denn aus *(1.2-13c)* folgt *(1.2-13d)* $_G[=_b\ 0]_G - _H[=_b\ 0]_H =_a\ _I[\ ]_I$. Da „$_D[\ ]_D$" und somit „$_I[\ ]_I$", wie sich aus *(1.2-6)* und *(1.2-7)* ergibt, mit der Null gleich sind, ist die Null, wie nachstehende *Gleichung J* in *(1.2-14)* zeigt, mit „ist gleich" gleich und es gilt

$$_G[=_b\ 0]_G\ _J[0 =_a =_a]_J\ _H[=_b\ 0]_H \qquad\qquad (1.2\text{-}14)$$

Die Null als das Gleiche drückt

- Reflexivität,
- vertikale, horizontale und diagonale Symmetrie und
- Ortsgleichheit aller ihrer Elemente aus.

Punkt drei ist die platonische Null, wobei der platonische Nullmittelpunkt selbst eine Null ist, sodass jede Null nur eine Transformation eines Punktes ist.

Die Ausdrücke und Gleichungen *(1.2-1)-(1.2-14)* werden im Folgenden als System P_1 bezeichnet.

1.3 Die Null als dreifache Radialdrehung von 360°

Zusammenfassung: Einführung des *„Ist"* als dritte axiomatische Bedeutung des Gleichheitszeichens (neben „ist" und „ist gleich") und dadurch Nachweis, dass die Grundlage der Arithmetik der dreigliedrige Ausdruck des Seins ist, wodurch sie als Meta-Ontologie definiert ist (Lehre vom Sein des Seins). Da das dreigliedrige Sein mit der Null gleich ist, ist die Null der arithmetische Ausdruck der Meta-Ontologie. Die Null als Meta-Ontologie liefert außerdem den meta-arithmetischen Beweis für die Gültigkeit der archimedischen Definition der Null. Mit der Null als Definition für das dreigliedrige Sein wird die PM/ZF Definition („die Null ist das Nichts") zur Nichts-Behauptung des Seins und stellt daher die Anti-Meta-Ontologie dar.

Nunmehr lassen sich *(1.2-6)*, *(1.2-7)* und *(1.2-9)* rein meta-arithmetisch ausdrücken. Für *(1.2-6)* und *(1.2-7)* gilt *(1.3-1a)* $=_a =_a =_b =_a$, für *(1.2-9)* gilt *(1.3-1b)* $=_b =_a =_a =_? =_a$. Ausdruck *(1.3-1a)* und *(1.3-1b)* zeigen allerdings eine Reihe von Widersprüchlichkeiten (Inkonsistenzen). Denn, wie *(1.2-9)* gezeigt hat, sind „$=_a$" und „$=_b$" nicht gleich. Außerdem erfordert „ist gleich", wie bereits festgestellt, links und rechts neben dem Gleichheitszeichen je einen Operanden, was in *(1.3-1a)* zweifach, in *(1.3-1b)* einfach nicht der Fall ist. Gleichung *(1.3-1a)* zeigt wegen der Gleichheit von „$=_a$" und „$=_b =_a$", dass „$=_b$" in „$=_a$" enthalten ist und deshalb ist „$=_a$" eine Menge, die als

$$=_a \{=_b\} \qquad\qquad (1.3\text{-}2)$$

definiert ist. Axiom *(1.3-2)* ist in der Arithmetik das konsistente „ist gleich".

Wird das rechtsseitige „$=_a$" aus *(1.3-1a)* in *(1.3-1b)* eingesetzt, wird der zweite Widerspruch mit *(1.3-1c)* $=_{a1}=_a=_{a2}$ bestätigt. Bei „$=_{a1}$" und „$=_{a2}$" fehlen links bzw. rechts die Operanden. Dieser Widerspruch hat einen *dritten* Widerspruch, der wiederum der erste ist, zur Folge, denn nunmehr sind, auf *(1.3-1a)* und *(1.3-1b)* blickend, wiederum „$=_a$" und „$=_b$" gleichgestellt, was inkonsistent ist (siehe Begründung für den ersten Widerspruch oben). Bei *(1.3-1a)-(1.3-1c)* handelt es sich also um eine *zirkuläre Widerspruchsfolge*.

Der erste Widerspruch ist mit dem dritten gleich. Der erste Widerspruch besteht aus den folgenden vier Ausdrücken A, B und D aus *(1.3-1a)* bzw. *(1.3-1b)*, wobei A *(1.3-1a)* entstammt und B und C *(1.3-1b)*: $[=_a =_a =_b]_A=_a$ bzw. $[=_b =_a =_a]_B=_b$ $=_a$ und $=_b [=_a =_a =_b]_C=_a$. Der dritte Widerspruch ist nach mengentheoretischer Festlegung bzw. Axiomatisierung mit $=_a =_b=_a$ aus *(1.3-1a)* und mit $=_a =_b=_a$ aus *(1.3-1b)* erfasst, die als D und E bezeichnet werden. Da die Widersprüche A, B, C mit den Widersprüchen D und E gleich sind und D und E untereinander gleich sind, gilt

$$[=_a =_a =_b]_A$$
$$[=_b =_a =_a]_B \;\} \; [=_a]_2 \, [=_a =_b=_a \,]_D[=_a]_1 \, [=_a =_b=_a]_E \qquad\qquad \textit{(1.3-3)}$$
$$[=_a =_a =_b]_C$$

Die Gleichheit "$[=_a]_1$" wird im Folgenden als „$=_c$" bezeichnet. Ausdruck „$=_c$" ist ein Operand, weswegen $[=_a =_b=_a]_D$ bzw. $[=_a =_b=_a]_E$ seine Menge sein muss, es gilt also

$$=_c\{=_a =_b=_a \} \qquad\qquad \textit{(1.3-4)}$$

bzw.

$$[=_a =_a =_b]_A$$
$$[=_b =_a =_a]_B \, [=_a]_2 =_c\{=_a =_b=_a\} \qquad\qquad \textit{(1.3-5)}$$
$$[=_a =_a =_b]_C$$

Da A, B und C mit dem Operanden $=_c\{=_a =_b=_a \}$ gleich sein müssen, kommt es zu folgenden Operatorbewegungen:

$$[=_a \; =_a \; =_b]_{\text{+}}$$
$$[=_b \; =_a \; =_a]_E \; [=_a]_2 \; =_c \{=_a \; =_b =_a\} \qquad\qquad (1.3\text{-}6)$$
$$[=_a \; =_a \; =_b]_{\text{-}}$$

Die Operatorbewegungen „ $\nearrow_i$", „ $\nearrow_{ii}$" und „ $\nearrow_{iii}$" stellen drei Drehungen um 360° Grad dar und beschreiben die Null als Radialbewegung (Drehung als Radius). Diese Null ist das „Gleiche" in Bewegung bzw. die Nachahmung der Form durch Bewegung, oder anders ausgedrückt: Die Begründung der *Bewegungsform*. Die Null als Radialbewegung geht auf die Definition des Radius durch Archimedes zurück. Das Bewegung und Form eine Einheit bilden, geht aus dem Operanden „$=_c$" hervor, der die Radialachse

$$r =_b \; =_c \qquad\qquad (1.3\text{-}7)$$

ist, mit r = Radialachse. Die Radialachse ist, wie *(1.3-3)* zeigt, mit dem Radius identisch. Ausdruck $r =_b \; =_c$ ist in der Mathematik das „Ist", denn aus ihm geht alle Form und alle Bewegung hervor.

Insgesamt zeigt sich, dass der Arithmetik, was das „="-Zeichen angeht, die drei Axiome „*ist gleich*", „*ist*" und „*Ist*" angehören und dass die PM/ZF-Auffassung, wonach das „="-Zeichen nur „gleich" bedeutet, unvollständig und widersprüchlich (q. e. d.), und daher inkonsistent ist.

Von der Radialbewegung r wird im Folgenden auch als „Spiegelumkehrung" gesprochen und als Verb wird das Wort „spiegelverkehren" benutzt.

Ist ist $=_a$ Ist $\qquad\qquad (1.3\text{-}8)$

Gleichung *(1.3-8)* ist der mathematische Ausdruck und die mathematische Grundform für das Sein.

Ebenso wie es sich im Kreise der von David Hilbert angeführten Axiomatisierungsvertreter als Fehler erwiesen hat - wie noch zu zeigen sein wird -, das arithmetische Tertium non datur *vorauszusetzen*, statt es zu untersuchen, erweist es sich nunmehr als Fehler, das PM-„gleich" als Axiom voraussetzungslos anzunehmen.[11] Das „="-Zeichen ist in der Arithmetik ein dreigliedriges Axiom, das ihre bisherige Form in wesentlichster Weise verändert. Es erweist sich auch als voreilig, den Gödel`schen Warnruf von 1931 mit dem im mathematischen akademischen Mainstream eingeführten Sprachregelungssedativ der angeblichen Marginalität der in der Arithmetik aufgetretenen Unentscheidbarkeit (Widersprüchlichkeit) verschallen zu lassen[12] oder gar zu behaupten, dass Hilberts Forderung nach der Axiomatisierung der Arithmetik *im Prinzip* unmöglich durchzuführen sei.[13] Letztere Aussage ist, abgesehen davon, dass sie der Auffassung Hilberts in grundlegendster Weise widerspricht („in der Mathematik gibt es kein Ignorabimus!") nichts anderes als der Versuch, die Arithmetik insgesamt (als Gesamttheorem) als *Principia Mathematica* Theorem „Ich bin nicht beweisbar" erscheinen zu lassen, das die Grundlage von Gödels Erstem Unvollständigkeitssatz ist, mit dessen Widerlegung in Kapitel 1.6.1 zugleich auch die Arithmetik als angeblich unentscheidbares „Theorem" widerlegt ist.

Exkurs I: Beweisverfahren

Im folgenden Exkurs wird die bisherige und zukünftige Form der mathematischen Prüfung und Beweisführung definiert. Grundlage ist nicht das Gödel-Theorem, denn dieses wird in Kapitel 1.6.1 aufgrund von Gödels Festhalten am sich als anti-logisch erweisenden Tertium non datur widerlegt. Allerdings werden zwei Aussagen des Gödel-Theorems übernommen: Das Gödel-Theorem schreibt vor, dass jedes Prüf- bzw. Beweissystem den gleichen mathematischen Grundanforderungen zu genügen hat wie das zu prüfende System. Ein Prüf- bzw. Beweissystem muss entsprechend über „genügend Ausdrucksmittel" verfügen, um *im* System beweisbare und widerspruchsfreie Formeln herzustellen.[14] Da die Ausdrucksmittel aller hier eingeführten mathematischen

---

[11] Vgl. zur axiomatischen Voraussetzung von „gleich" in PM/ZF Gödel (1931), S. 175 und 191.
[12] Vgl. zur Behauptung der „partiellen Konsistenz" der Arithmetik Scholz (2006), S. 34 ff.
[13] Dies ist sowohl im *Wikipedia* Beitrag zu David Hilbert als auch in demjenigen zu Kurt Gödel behauptet worden (Zugriff: April 2012).
[14] Über die „Ausdrucksmittel" lässt sich Gödel (a. a. O., S.173) wie folgt aus: „Es gibt unentscheidbare Sätze, in denen außer den logischen Konstanten − (nicht) ∨ (oder) (x) (für

bzw. arithmetischen Systeme P_n sich mit jenen, im Prüf- bzw. Beweissystem Gödels verwendeten, decken (und im Vergleich zu diesen bei fortschreitender Einführung dieser Systeme sukzessive anwachsen), sind sie mit dem Prüfsystem Gödels („Gödel-Zahlen")[15], was die obigen Anforderungen angeht, gleichgestellt. Aus dem Zweiten Unvollständigkeitssatz wird der Grundsatz übernommen, dass Prüf- und Beweissysteme von zu überprüfenden mathematischen Systemen unabhängig sein müssen. Diese Unabhängigkeit sichert, dass kein Beweissatz ein zirkuläres Argument ist und wird im Einzelnen noch definiert.[16]

Im Folgenden werden zu prüfende Systeme als Probandensysteme P_A bezeichnet. Prüfsysteme, die unentscheidbare Sätze (Widersprüche) in Probandensystemen feststellen, wer-den hier als P_{B1}-Beweis bezeichnet. Beweissysteme, die zur Herstellung der Entscheidbarkeit führen (Beseitigung von Widersprüchen bzw. Widerlegung), werden als P_{B2}-Beweis bezeichnet. Führen zwei arithmetische Systeme zu gleichen Aussagen, sind sie einander dann P_{B2}-Beweissätze, wenn sie über die im *Exkurs* von Kapitel 1.5 definierte axiomatische Unabhängigkeit voneinander verfügen.

Gödel selbst arbeitete im Spektrum P_A/P_{B1}, nicht aber im Spektrum $P_A/P_{B1}/P_{B2}$ Gödel stellte Unentscheidbarkeit fest, ohne Entscheidbarkeit herzustellen. Dies gilt sowohl für das Gödel-Theorem selbst (bestehend aus dem Ersten und Zweiten Unvollständigkeitssatz) als auch für seine Stellungnahme zur Kontinuumshypothese von 1938.

Die Ausdrücke und Gleichungen *(1.3-1)-(1.3-9)* werden im Folgenden als System P_2 bezeichnet.

1.4 Die Null als Wechselwirkung

Zusammenfassung: Nachweis, dass die Null eine Kreisbewegung ist und dadurch axiomatischer Folgenachweis, dass Mathematik, Geometrie und Physik *eins* sind.

Aus *(1.3-3)* und unter Berücksichtigung von *(1.3-8)* wird

$$_A[=_{c1} =_{aa} =_{c2}] =_{ab} [=_{c3} =_{ac} =_{c4}]_B \qquad (1.4\text{-}1)$$

gewonnen. Werden die Gleichheitsoperatoren „$=_{aa}$" und „$=_{ac}$" in A und B aufgelöst und in zwei Minus „-"-Zeichen (Minus-Operatoren) verwandelt und aus der Spiegelumkehrung je eines Minuszeichens im Verbund mit „$=_{c2}$" bzw. „$=_{c3}$" ein neues Gleichheitszeichen „$=_a$" gebildet, was anschließend auf der ▢ asis von *(1.3-8)* auf eines reduziert wird, entsteht die Null als meta-arithmetische Wechselwirkung

$$[= - =_{w1}]_A =_a [= - =_{w2}]_B \qquad (1.4\text{-}2)$$

Die Wechselwirkung folgt aus einer reziproken Quotientenzuordnung (z_1 und z_2) der Zweifachsubtraktion

$$A = z_1 = B = z_2, \qquad (1.4\text{-}3)$$

sodass

$$A = z_1 = B = z_2 = A \ldots, \qquad (1.4\text{-}4)$$

gilt. Die wechselseitige Einnahme der Minuendenposition durch die Quotienten z_1 und z_2 beschreibt eine Kreisbewegung. Bei „$=_{w1}$" und „$=_{w2}$" handelt es sich um die Subtrahenden w_1 und w_2.

Da jede Geometrie von Raum und Zeit, wie in Kapitel 1.10.1 bestätigt wird, zum Kreis wird, ist in diesem Zusammenhang an David Hilbert zu erinnern, der gesagt hat: „Die arithmetischen Zeichen sind geschriebene Figuren und die geometrischen Figuren sind gezeichnete Formeln."[17]

Die Ausdrücke und Gleichungen *(1.4-1)-(1.4-4)* werden im Folgenden als System P_3 bezeichnet.

1.5 Die Null als Identität

Zusammenfassung: Mit David Hilberts Rede auf dem Internationalen Mathematikerkongress in Paris im Jahr 1900 begann in der Mathematik eine Debatte über die Frage, inwieweit ihre Axiome als auf gesicherten Erkenntnissen beruhend gelten können.[18] Prominenteste Gegenstände dieser Debatte waren die Kontinuumshypothese sowie die Axiome der Arithmetik.[19] In den zwanziger Jahren führte diese Debatte in die sogenannte Grundlagenkrise bzw. den Grundlagenstreit der Mathematik, in dessen Zentrum eine Auseinandersetzung zwischen zwei Mathematikern von Weltruf stand, dem Deutschen, in Göttingen lehrenden, David Hilbert (*1862; † 1943) und dem Holländer Luitzen E. J. Brouwer (*1881; † 1966). Hilbert war der Auffassung, dass sich die Axiome der Mathematik insgesamt, und damit auch diejenigen der Arithmetik, durch entsprechende Beweisverfahren („finite" Beweise) restlos sicher begründen lasse. Im Weiteren Sinne gehören zu den Axiomen der Arithmetik auch die Axiome der Logik. Was diesbezüglich das Tertium non datur angeht forderte Hilbert keinen Beweis seiner Gültigkeit, akzeptierte es also ungeprüft[20], während Brouwer im Zusammenhang mit dem aktualen Unendlichkeitsbegriff der Arithmetik (Kontinuumshypothese), dessen Evidenz er bestritt, seine Zurückweisung

---

[17] Hilbert (1990).

[18] Auf dem nternationalen Mathematikerkongress in Paris im Jahr 1900 hielt David Hilbert fest: „Während wir heute bei den Untersuchungen über die Grundlagen der Geometrie über die einzuschlagenden Wege und die zu erstrebenden Ziele im wesentlichen untereinander einig sind, ist es mit der Frage nach den Grundlagen der Arithmetik anders bestellt, hier stehen sich gegenwärtig noch die verschiedenen Strömungen der Forscher schroff gegenüber." (zit. aus: Scholz a. a. O., S. 19).

[19] Die Agendapunkte 1 und 2 des sogenannten *Hilbert-Programms*.

[20] "Zentral und unbefragt erschien auf allen Stufen des Kalküls das Prinzip des *Tertium non datur* A $\square\neg$ A." Scholz a. a. O. S. 20.

forderte.[21] In diesem Kapitel wird die Kontinuumshypothese widerlegt, wobei die eigentliche Bedeutung dieser Widerlegung mit und nach Kapitel 1.6.1 deutlich wird: Die Kontinuumshypothese ist ein Hauptbeispiel für die Bedeutung der Anti-Logik in der Mathematik. Insofern zeigt Brouwer`s Forderung nach der Zurückweisung des (nicht-eleatischen) Tertium non datur einen „intuitionistischen" Tiefsinn größter Tragweite und Bedeutung. In diesem Kapitel wird die bereits in anderen Publikationen mehrfach hergeleitete Identität (siehe de Redmont 2010) als mathematisches, geometrisches und physikalisches Kernaxiom eingeführt, das die Definition der Null und damit das Sein als Entität „finit" sichert. Außerdem erfolgt der in den Kapiteln 1.9 und 1.10.2 bestätigte Nachweis der Entstehung aller natürlichen Zahlen aus der Null.[22] Der Exkurs dieses Kapitels beinhaltet die Axiomatisierung mathematischer Beweisverfahren, wobei diese Axiomatisierung selbst einhält, was der Exkurs in Kapitel 1.3 („Beweisverfahren") auf der Basis des Zweiten Unvollständigkeitssatzes Gödels fordert, nämlich axiomatische Unabhängigkeit von mathematischen Prüfsystemen P_{B1} gegenüber jeweils zu überprüfenden mathematischen Systemen P_A bzw. axiomatische Unabhängigkeit zweier mathematischer Systeme, die einander als P_{B2}-Beweissatz dienen, und damit *jeweils* ihre eigene Konsistenz sichern (siehe dazu nochmals die Definition finiter Beweissätze in Kapitel 1.1.3).

In diesem Kapitel wird die Cantor`sche Kontinuumshypothese anhand des Identitätsbegriffs überwunden. *(1.3.6)* wird zu

$$=_c =_{a1} \{=_a =_b =_a \} \qquad\qquad (1.5\text{-}1)$$

verändert. Da "$=_{a1}$" wiederum "$=_{a1} =_{b1}$" ist, gilt

---

[21] Die Unendlichkeit sei als Unendlichkeit der natürlichen Zahlen mit A definiert (aktuale Unendlichkeit). Ob die natürlichen Zahlen *tatsächlich* unendlich sind, hielt Brouwer für nicht erwiesen. Intuitionistisch-evident schien ihm vielmehr, dass einer natürlichen Zahl eine weitere folgen könne, nicht aber müsse, weswegen er von der potentiellen Unendlichkeit der Zahlen sprach, die dem obigen Beispiel folgend, hier mit A - n angegeben wird. Der sich nun zeigende Widerspruch A ∧ A - n ∨ ¬ A ist eine Veranschaulichung von Brouwers` Forderung nach Zurückweisung des Tertium non datur in Logik und Mathematik.
[22] Dieser Nachweis wird außerdem durch die eleatische Physik auf pythagoreischer Basis bestätigt (vgl de Redmont a. a. O., S. 119 ff.), weswegen der Nachweis von 1.5 super Gödelkonsistent ist.

$$=_c =_{a1} \{=_a =_b =_a =_{b1}\} \qquad (1.5\text{-}2)$$

bzw.

$$=_c =_{a1} \{=_a =_b =_{a2} =_a =_{b1}\} \qquad (1.5\text{-}3)$$

und

$$=_c =_{a1} \{=_a =_b [=_{a2} =_b] =_a =_{b1}\} \qquad (1.5\text{-}4)$$

bzw.

$$=_c =_{a1} \{_A[=_a =_b {}_B[[=_{a2} =_b]]_A =_a =_{b1}]_B\} \qquad (1.5\text{-}5)$$

und

$$=_c =_{a1} \{_A[=_a =_b [=_{a2} =_b]_A =_{a3} {}_B[=_{a2} =_b =_a =_{b1}]_B\} \qquad (1.5\text{-}6)$$

Wird "$=_{a3}$" ebenfalls erweitert und als "$=_{a3} =_b$" geschrieben, entsteht die zu (1.5-6) analoge mengentheoretische Situation, und unter Fortsetzung mit (1.5-7) „$=_{a4}$". „$=_{a5}$". „$=_{a6}$". ... → ∞, das Cantor`sche Mengenkontinuum (Unendlichkeit von Mengen).

Das Zeichen „{ }" bedeutet „Element von" und beinhaltet eine mathematische Funktion,

$$\{\,\} f (=_{a\ast}) \qquad (1.5\text{-}8)$$

Der Funktionswert „$=_{a\ast}$" ist wie folgt definiert: Es seien alle Elemente aller Mengen mit „$\Sigma =_n$" bezeichnet. Dann entsteht jede beliebige, *Zuordnung* einer Teilmenge von Elementen „$\Sigma =_{n\text{-}n}$" durch

$$[\Sigma =_n - \Sigma =_{n\text{-}n}]_A [=_{a\ast}] [\Sigma =_n - \Sigma =_{n\text{-}n}]_B \qquad (1.5\text{-}9)$$

Gleichung *(1.5-8)* besagt, dass die Zuordnung einer Teilmenge von Elementen „$\Sigma=_{n-n}$" aus einer Gesamtmenge von Elementen „$\Sigma=_n$" gleich bleibt. Der Operator, der dies sicherstellt, ist „$[=_{a*}]$". Die Ergebnisse aus der nachstehenden und beispielhaft gewählten Subtraktion *A* (nach der nach der Minuendendefinition $x = z + w$ durchgeführten Subtraktionsform) ergeben sich auf dem Weg

$$z_1 \, \Sigma=_{n-n} - \Sigma=_{n-n} = z_1 = z_2 \qquad\qquad\qquad (1.5\text{-}10)$$

bzw.

$$z_1 \, \Sigma=_{n-n} - \Sigma=_{n-n} = {}_D[...]_D = {}_D[...]_D, \qquad\qquad (1.5\text{-}11)$$

wobei in zu *(1.2-3)* analoger Weise

$$\Sigma=_{n-n} - \Sigma=_{n-n} \, [=_{a**}] \, \Sigma=_{n-n} - \Sigma=_{n-n} \, [=_{a*}] \, \Sigma=_{n-n} - \Sigma=_{n-n} \qquad (1.5\text{-}12)$$

gilt, bzw.

$$\Sigma=_{n-n} - \Sigma=_{n-n} \, [=_{a**}][=_{a*}] \qquad\qquad\qquad (1.5\text{-}13)$$

Bei Durchführung der gleichen Operationen für Subtraktion *B* ergibt sich

$$\Sigma=_{n-n} - \Sigma=_{n-n} \, [=_{a*}][=_{a**}]_1 [=_{a**}]_2 [=_{a*}] \, \Sigma=_{n-n} - \Sigma=_{n-n} \qquad (1.5\text{-}14)$$

Die Operatoren "$_*[=_{a**}]_1$" und "$_*[=_{a**}]_2$" stellen sicher, dass *jede* beliebige Zuordnung, d. h. aber: *alle* Zuordnungen von Teilmengen von Elementen konstant und damit endlich sind, sodass auch die Gesamtmenge aller Elemente, „$\Sigma=_n$", endlich ist. Es gilt, zu *(1.5-1)* zurückkehrend

$$=_c =_{a1} \, [=_{a*}][=_{a**}]_1 \{=_a =_b =_a \}, \qquad\qquad\qquad (1.5\text{-}15)$$

wobei die dreifache Gleichheit: $=_{a1} [=_{a*}][=_{a**}]$ im Folgenden als ***Identität***.

$$\Omega_I =_{a1} \, [=_{a**}][=_{a*}] \qquad\qquad\qquad\qquad (1.5\text{-}16)$$

bezeichnet wird. Die Identität ist eine meta mengentheortische Größe zweiten Grades und eine meta-arithmetische Größe dritten Grades. Sie ist in der Arithmetik die entscheidende Schlüsselgröße beziehungsweise das bedeutendste Axiom. Da $=_{a1} =_a 0$ gilt (siehe *(1.2-14)*), ist die Null eine sich jederzeit selbst begrenzende Menge und es gilt, zu *(1.4-2)* zurückkehrend

$$[= - =_{w1}]_A \, \Omega_I \, [= - =_{w2}]_B \qquad\qquad (1.5\text{-}17)$$

Die Gleichungen und Ausdrücke *(1.5-8)-(1.5-15)* widerlegen die Kontinuumshypothese Cantors und seiner Nachfolger als P_{B2}-Beweis, da die Funktion *(1.5-8)* den Axiomen der Mengenlehre nicht angehört und damit axiomatische Unabhängigkeit vorliegt.

Dem bekannten Ausspruch Einsteins, „Gott würfelt nicht", ist hinzufügen: „Gott verwürfelt nicht die Wahl seiner Existenz."

An dieser Stelle soll nochmals daran erinnert werden (vgl. Kapitel 1.1), dass die Kontinuumshypothese in Form der von Hilbert vertretenen „aktualen" Unendlichkeit der natürlichen Zahlen im Zentrum des zwischen Hilbert und Brouwer in den zwanziger Jahren des letzten Jahrhunderts ausgetragenen Grundlagenstreits der Mathematik lag. Die Ergebnisse *(1.5-8)-(1.5-17)* zeigen, dass die Position Brouwers - der vom Unendlichkeits*potential* und nicht von der „aktualen" bzw. per Definition gegebenen Unendlichkeit sprach, gültig ist. Insofern handelt es sich bei diesem Kapitel um eine Stellungnahme zugunsten der Position Brouwers. Es soll weiter daran erinnert werden, dass die Kontinuumshypothese in die mit Kapitel 1.61 beginnenden anti-logischen Aussagen der Mathematik aufzunehmen ist, wenngleich sie dort nicht mehr erwähnt wird.

Mit

$$=_c \Omega_I \infty\{n=_a=_b\}, \qquad\qquad (1.5\text{-}18)$$

wobei ∞ = natürliche Zahlen und $n = \infty$ = 1, 2, 3, …, liegt jenes Brouwer`sche *Potential* natürlicher Zahlen vor, das in Übereinstimmung mit dem 42. Kapitel des *daodejing* zeigt, dass *alle natürlichen Zahlen* ∞ *Elemente der Null sind und aus ihr hervorgehen.* Ausdruck *(1.5-20)* widerlegt außerdem die analytische Zahlenklassentheorie der PM und ZF.

Die Ausdrücke und Gleichungen *(1.5-1)-(1.5-18)* werden im Folgenden als System P_4 bezeichnet.

Exkurs II: Zur Axiomatisierung der axiomatischen Unabhängigkeit

Mithilfe des Systems P_4 kann das, was unter der axiomatischen Unabhängigkeit der Systeme P_A und P_{B1} bzw. P_{B2} voneinander zu verstehen ist, definiert werden (Axiomatisierung der axiomatischen Unabhängigkeit). Die axiomatische Unabhängigkeit eines Probandensystems P_A von einem Beweissystem P_{B1} bzw. P_{B2}, et vice versa, ist eine Notwendigkeit, da sich sonst Zirkelschlüsse ergeben. Es sei folgende Behauptung aufgestellt: „P_A und P_{B1} bzw. P_{B2} teilen keines ihrer Axiome miteinander." Dieser Behauptung wird bei $P_A = P_3$ und $P_{B2} = P_4$ und auf der Basis von *(i)* $_A[=_a \ _B[\omega]_A \Omega_i]_B$ mit *(ii)* $_A[=_c \ [=_a-] \ _B[\omega]_A \ [=_a-] \ \Omega_i =_{a1} [=_{a**}][=_{a*}]]_B$, Ausdruck verliehen, wobei ω mindestens ein gedachtes Axiom ist, das beiden Systemen als ursprüngliche Gegenbehauptung angehört. Ausdruck „$=_c [=_a-]$" in *(ii)* ist aus $[=-=_{w1}]_A$ aus *(1.4-2)* entnommen, und durch Spiegelumkehrung bei Umwandlung des Subtrahenden in „$=_a$" gemäß *(1.3-4)*zu *(iii)* $[= =-]_A$ umgeformt worden. Es gilt *(iv)* $_A[=_c - =_c =_a O \ _B[\omega]_A \ \Omega_i - [=_{a**}] \ [=_{a*}] O]]_B$ bzw. *(v)* $_A[O \ _B[\omega]_A O]_B$ und wegen *(vi)* $_A[O \ _B[=_a]_A O]_B$ schließlich *(vii)* $_A[O_B[O]_A O]_B$. Alle Systeme P_A und P_{B1} bzw. P_{B2} müssen mindestens über ein gemeinsames Axiom verfügen, um ihre Funktionen ausüben zu können. Intuitiv ist dies auch klar, denn ein Beweissystem muss mit dem entsprechenden Probandensystem bzw. P_{B2}-Gegensystem ja „kommunizieren" können. Der Beweis *(i)-(vi)* ist durch das „$[=_a-]$"-Zeichen, „ist nicht" von P_1 und P_2 axiomatisch unabhängig.

1.6 Das Tertium non datur als Anti-Logik

1.6.1 Anti-Logik 1: Negative Zahlen

Zusammenfassung: In diesem Kapitel wird das Tertium non datur widerlegt. Diese Widerlegung ist super Gödel-konsistent.[23] Das Tertium non datur ist das *Nichts* und nimmt damit in der Arithmetik jene Stellung ein, die in PM/ZF der Null zugeschrieben wird. Als meta-arithmetisches System - was in super Gödel-konsistenter Weise erwiesen ist[24] -, beinhaltet das Tertium non datur die Entstehungsgeschichte der heutigen arithmetischen Operatoren „gleich" und „minus", ist also eine Fortsetzung der „Ontologie der Ontologie" (Ontologie des Sein), wie wir sie bereits in den Kapiteln 1.2 - 1.5 kennengelernt haben, wo, auf der Basis von „ist gleich", „ist" und „Ist" Raum und Zeit als durch die Identität definierte Größen entstanden sind. Nun entspricht es der gewöhnlichen Erfahrung, dass sich Raum und Zeit in *Nichts* auflösen, was nichts anderes bedeutet, als dass *Identität zerstört* wird. Das gilt nicht nur für ganze Galaxien, sondern auch für jenes kleinste Partikel, das in einen Zustand des meta arithmetischen Nichts übergeht. Dies geschieht dadurch, dass sich jener Operator, der sich im Laufe des Tertium non datur, verstanden als *Geschichte des Sein*, herauslöst, und der das Minuszeichen der heutigen Arithmetik verkörpert, selbst zerstört (siehe dazu Kapitel 1.7).[25] Diese Selbstzerstörung ist die Finalität des Tertium non datur als meta arithmetisches System, Ontologie und Kosmologie. Dazwischen liegt der Fortbestand der Arithmetik als nur noch *logisches System*, das Schlussätze eines beobachtbaren So-Seins bildet, also die Tätigkeit der arithmetischen Operatoren als Rechenregeln basiertes Rechensystem festhält, wobei nur noch Minus- und Divisionszeichen (unvollständige) ontologische Aussagen beinhalten (Teilen = Trennen). Weil die heutige Physik als angewandte Arithmetikwissenschaft ontologisch auf Minus- und Divisionsoperatoren aufgebaut ist, ist sie eine Physik des Zerfalls (Entropie), was super Gödel-konsis-

---

[23] Vgl. dazu nochmals die Kapitel 1.12 und 1.14 in de Redmont (2013).

[24] Neben dem eleatischen Tertium non datur, das in diesem Kapitel behandelt wird, siehe dazu den Hinweis zur Mathematik der in der vorangehenden Fußnote zitierten Kapitel aus de Redmont (2013).

[25] In der eleatischen Meta Arithmetik und Chaostheorie wird dieser Operator als *Panonquotient* bezeichnet und der Übergang ins Nichts als *Panon-Transformation*. Vgl. dazu de Redmont (2010) S. 83 f.

tent nachgewiesen ist.[26] Sie ist damit weder eine Physik des Raumes, noch der Zeit, schon gar keine Physik jener Hierarchien der Identität, die über Raum und Zeit stehen und für die Raum und Zeit nur *eine* Erscheinungsweise sind. Eine solche Physik geht vielmehr sowohl aus der eleatischen Physik, als auch aus der taoistischen Trans- und Superphysik hervor, die zugleich eine Eschatologie enthalten, deren gemeinsames Axiom das Licht ist, über welches auch der (mathematische) Weg zum Johanneischen Christentum führt.

Der Nachweis der Inkonsistenz des Tertium non datur wird auf der Basis der Vorarbeiten der Kapitel 1.2 - 1.5 und anhand des verbalen eleatischen Tertium non datur erbracht. Das eleatische Tertium non datur befindet sich im Gedichtfragment *Über die Natur* von Parmenides (* um 520/515 v. Chr.; † um 460/455 v. Chr.), das zu den allgemein anerkannten Grundlagen westlicher Naturphilosophie und Logik gehört. Die Widerlegung des heute gebräuchlichen Tertium non datur ermöglicht den Beweis, dass es sich bei den negativen Zahlen um eine vollkommen willkürliche Erfindung der Arithmetik handelt, die jeder logischen Grundlage entbehrt. Außerdem wird die partielle Ungültigkeit des Gödel-Theorems nachgewiesen (Erster Unvollständigkeitssatz).

Grundlage ist *(1.3-8) Ist ist =$_a$ Ist.* Wenn „*ist*" zerfällt, entsteht *(1.6.1-1) [Ist$_a$ nicht]A [nicht ist]$_B$ Ist$_b$.* Nach zweifacher Spiegelumkehrung von Ausdruck *A* und *B* und Vermehrung von *Ist$_b$* zu *Ist$_b$ ist* entsteht

Ist ist ... Nicht-Ist ist nicht   *(1.6.1-2)*

Ausdruck *(1.6.1-2)* ist das von Parmenides, dem im 6. Jahrhundert v. Chr. in Elea (heutige Provinz Basilicata, Italien) lebenden und lehrenden Vorsokratiker, formulierte **logische Grundaxiom**. Parmenides gilt philosophiegeschichtlich als Begründer des auf Deduktion basierenden Denkens. Im Gedichtfragment *Über die Natur,* dem einzigen von ihm überlieferten Text, sagt die Göttin zu dem zu ihr reisenden „Jüngling" folgendes: „so will ich denn sagen ... welche Wege der

---

[26] Siehe dazu das Kapitel 1.6.5 bestätigende Kapitel 1.10.3 (taoistische Transphysik) und die eleatische Darstellung der Physik Newtons und Einsteins in de Redmont a. a. O., S. 124 f. und 126 ff.

Forschung allein zu denken sind: … dass Ist ist und dass Nichtsein nicht ist."[27] Die Begriffe „Nichtsein" bzw. „Nicht-Ist", sind bei Parmenides Bezeichnungen für einen *Vorgang*. Dieser beinhaltet die in *(1.6.1-2)* ausgedrückte Verneinung des Seins („Nichtsein" bzw. „Nicht-Ist") und dessen darauf folgende Auflösung („ist nicht') als Wirkung der Verneinung. Wären die Begriffe „Nichtsein" bzw. „Nicht-Ist" keine Bezeichnung für den genannten Vorgang, wären sie Antinomien. Denn wegen *(1.6.1-3)* Ist ist $=_a$ Ist$_N$, wobei „Ist$_N$" = Nomen bzw. *Bezeichnung für das Ist*, auch mit „$=_{cN1}$" anzugeben, ist eine Begriffsbildung nur im Bereich des Seins möglich. Setzt man in *(1.6.1-2)* Nicht-Ist$_N$,, Nomen bzw. *Bezeichnung* für das „Nicht-Ist", ein, kommt es bei Spiegelumkehrung von Ausdruck B und Umwandlung des „Ist$_b$" in ein „$=_a$" gemäß *(1.3-4)* zu *(1.6.1-4)* Nicht-Ist$_N$ [$=_a$ -]$_B$, in Worten: *Die Bezeichnung Nicht-Ist [ist nicht gleich]*$_{C\,l,r}$ *Ist-Nicht.* wobei sich diese Bedeutung ergibt, wenn bei Spiegelumkehrung von Ausdruck C von rechts nach links gelesen wird (daher die Indizierung mit *l* = links und *r* = rechts). Weil es sich um eine Verneinung handelt, ist die Umwandlung von „Ist$_b$", also einer „$=_c$"-Größe in eine „$=_a$"-Größe gemäß *(1.3-4)* notwendig. Da eine „$=_a$"-Größe eine Gleichung bzw. in Kombination mit einem Minuszeichen eine Ungleichung anzeigt, ist die Umkehr der Leserichtung zwingend erforderlich. Das „Ist-Nicht" ist das substanziierte „ist nicht" aus *(1.6.1-2)*, das das Ergebnis des „Nicht-Ist ist nicht" als *Vorgang* darstellt: Auslöschung des „Ist$_a$". Ausdruck *(1.6.1-4)* bestätigt den Vorgang, der mit der Auslöschung des „Ist$_a$", angezeigt durch das „Ist-Nicht", endet und zeigt wegen der Relationaltät, die aus der Komponente „$=_a$" zwingend erfolgt, zugleich die Ungleichheit zwischen dem Vorgang, der sich nun in ein Ergebnis verwandelt hat, und dem Begriff „Nicht-Ist". Die Ungleichheit bzw. der Widerspruch besteht darin, dass, wie *(1.6.1-3)* zeigt, nur dem Sein Begrifflichkeit zukommt, nicht aber dem *ehemaligen* Sein. Die meta-arithmetische Bezeichnung für „Nicht-Ist$_N$" lautet „- $=_{cN2}$".

Der durch den Satz „Nichtsein ist nicht" bzw. „Nicht-Ist ist nicht" bezeichnete Vorgang ist wie folgt: Die Verneinung des Seins, also das „Nichtsein", ist mathematisch (nach Einzug von „$=_b$" in „Ist$_b$") gemäß *(1.3-8)* zu *(1.6.1-5)* [*Ist$_a$ nicht*]$_A$ [*ist nicht*]$_B$ eine Doppeldivision,

[27] Parmenides, Aletheia, 2.2-2.3. „Nichtsein " und „Nicht-Ist" werden im gleichen Textzusammenhang (2.5) als Synonyme verwendet. Vgl. ferner 2.7, 6.6, 7.1, 8.12, 8.2, 8.9.

$\neq_{ca} \neq_{b}$,

(1.6.1-6)

deren Ergebnis aus, von zwei Divisions- bzw. Teilungsoperatoren hergestellten, acht Quotienten besteht, wobei sich die Divisionsoperatoren nunmehr zu Subtraktionsoperatoren wandeln, was durch

☰
☷

(1.6.1-7)

angezeigt wird. Bei *(1.6.1-7)* handelt es sich um zwei meta-arithmetische Subtraktionen, die über keine Gleichheitsoperatoren, „$=_a$", verfügen und daher auch keine Quotienten ausweisen. Da die Subtrahenden (kleine Doppelstriche jeweils unten) aber *innerhalb* der Subtraktionen ausgewiesen sind und daher auch Quotienten vorhanden sein müssen, bedeutet deren Nichtausweisung, dass sie jeweils vom *„nicht"* bzw. vom Minusoperator (Striche zwischen den je vier kleinen Strichen) zerstört bzw. ausgelöscht wurden. Da $w = x - z$ mangels Gleichheitsoperator ebenfalls nicht gilt, sind auch die Subtrahenden und damit die Minuenden (kleine Doppelstriche oben) ausgelöscht worden. Die Minuszeichen werden im Folgenden mit „$-_{\square 1}$" und „$-_{\square 2}$" angegeben.

Die mengentheoretische Umformung der logischen Subtraktionen (beispielhaft anhand der ersten Subtraktion aus *(1.6.1-7)*)

$_A[- {}_{-B}[-_{\square I}]_A - \}_B$

(1.6.1-8a)

bzw.

$- - \{-_{\square I}\}; \ - -\{-_{\square I}\};$

(1.6.1-8b)

ergibt

$logz_1 \{-_{\square 1}\}$

(1.6.1-8c)

Die jetzt nur mehr rein *logischen* und damit nicht mehr mathematischen Schlussfolgerungen $logz_1\{-_{\square 1}\}$ und, bei Durchführung der Operationen *(1.6.1-8a)-(1.6.1-8c)* bei Subtraktion B, $logz_2\{-_{\square 2}\}$, im Folgenden **Logische Quotienten** z genannt, wurden aufgrund der in *(1.6.1-8c)* wirksamen Deduktion getroffen, die hier als *Logische Gleichheit* bezeichnet wird und im Folgenden das Symbol „$=_{log}$" erhält. Die logischen Subtraktionen lauten folglich

$$--\{-_{\square 1}\}; --\{-_{\square 1}\}; =_{log} logz_1\{-_{\square 1}\} \qquad (1.6.1\text{-}9a)$$

$$--\{-_{\square 2}\}; --\{-_{\square 2}\}; =_{log} logz_2\{-_{\square 2}\} \qquad (1.6.1\text{-}9b)$$

Die logischen Subtraktionen sind wegen der Axiome „$=_{log}$" und „$logz_1\{-_{\square 1}\}$" bzw. „$logz_1\{-_{\square 1}\}$" von allen bisherigen meta arithmetischen Systemen axiomatisch unabhängig. Sie erhalten im Folgenden die Sammelbezeichnung *Erste Logische Aussage*, „LA_1". Die Erste Logische Aussage ist die Mathematik des eleatischen „*Nicht-Ist ist nicht*" als *Vorgang* mit dem Ergebnis „*Ist-Nicht*". Diese Mathematik existiert nur als *Logik* und besitzt nur in Form gemeinsamer Begriffe mit arithmetischen bzw. meta-arithmetischen Systemen über ein gemeinsames Axiom, über das die genannten Systeme gemäß Axiomatisierung der Axiome (siehe Exkurs II in Kapitel 1.5) miteinander kommunizieren können. Deswegen ist unter besonderem Verweis auf die logische Gleichheit „$=_{log}$" (die der Arithmetik und Meta Arithmetik nicht angehört), die Kongruenz zu den Aussagen der Göttin, dass das „Nichtsein nicht ist"[28] (arithmetisches „*ist*") und „Nur das Sein ist"[29] (arithmetisches „*ist*") gewahrt.

Wenn „LA_1" gilt, wird das „*Ist ist*" in *(1.6.1-2)* spiegelverkehrt und es gilt

$$LA_1 \; \# \; _{cN1,} \qquad (1.6.1\text{-}10a)$$

wobei der vertikale Doppelstrich (zwei Divisoren) aus der Auflösung von „$=_b$" entstanden sind. Die daraus resultierende *Zweite Logische Aussage* lautet

$$--\{-_{\square 3}\}; --\{-_{\square 4}\}; =_{log} logz_3\{-_{\square 3}\} \qquad (1.6.1\text{-}10b)$$

und erhält das Symbol „LA_2". Die Zweite Logische Aussage ist die Mathematik der mathematischen Begriffe des Seins und zeigt, dass diese nicht existieren,

---

[28] Parmenides, Aletheia, 2.3.
[29] Parmenides, Aletheia, 6.1.

wenn das, was sie bezeichnen, nicht (mehr) existiert bzw. nur dann existieren, wenn das, was sie bezeichnen, existiert. Es gilt

$LA_1 \, LA_2$ *(1.6.1-10c)*

„Nicht-Sein ist nicht" ist als Vorgang mit dem Ergebnis „Ist-Nicht" (siehe *(1.6.1-4)*) die Logische Aussage, *„LA₁"*. Die Zweite Logische Aussage, *„LA₂"* ist die aus *(1.6.1-3)* folgende Konsequenz.

Aus *(1.6.1-4)*) folgt ferner, dass bei Nichtauftreten von LA_1 die Aussage „Nicht-Ist" zu einer Logischen Aussage wird:

$- =_{cN2}$ → $\neq_{cN2}$ *(1.6.1-11)*

Auf dem Weg *(1.6.1-8a)-(1.6.1-8c)* folgt

$- - \{-_{\square5}\}; \, - - \{-_{\square5}\}; \, =_{log} \, logz_4\{-_{\square5}\}$ *(1.6.1-12)*

als **Dritte Logische Aussage** mit dem Symbol *„LA₃"*. Die Dritte Logische Aussage ist die Mathematik der Begriffe des „Nicht-Ist", bzw. „Nichtseienden" bzw. des „Ist-Nicht". *„LA₃"* gilt *nicht*, wenn die logischen Aussagen LA_1 und LA_2 gelten und es gilt daher die negative Funktionsbeziehung

$-_{\square6}LA_3$ → $LA_1 \, LA_2$ *(1.6.1-13)*

Die negative Funktionsbeziehung *(1.6.1-13)* bedeutet im Umkehrschluss, dass bei Ungültigkeit von LA_1 und LA_2 - also wenn keine Zerstörung des *„Istₐ"* eintritt - der Fortbestand der oben genannten Bezeichnungen in der Mathematik: *„Nichtsein"*, *„Nicht-Ist"*, *„Ist-Nicht"*, Antinomien darstellen, deren Ungültigkeit sich aus *(1.6.1-13)* als P_{B2}-Beweis ergibt.

Dass die Göttin mit der Äußerung, dass „Nichtsein nicht ist" sowohl eine LA_1 als auch eine LA_3 getroffen hat - also das eleatische logische Grundaxiom in einem *doppelten Sinn* gebraucht -, geht aus folgendem hervor: Den Vorgang, der mit dem „Ist-Nicht" endet, also den Zerstörungsvorgang des *„Istₐ"* bzw. LA_1, beschreibt sie durch den Hinweis, dass aus „Nichtseiendem" stets nur

Nichtseier des „hervorgehen" könne.[30] Damit sind die logischen Quotienten $logz_1\{-_{□1}\}$ und $logz_2\{-_{□2}\}$ nicht nur direkt angesprochen, sondern sie versteht die Vorgänge *(1.6.1-9a)* und *(1.6.1-9b)* als *fortgesetzte* Tätigkeit des Nichtseienden, als *Regress der Zerstörung des Seins*, den sie dann mit den Begriffen des „Entstehen" und „Vergehen" erfasst, wobei das Entstehen „verlöscht" und das Vergehen „verschollen" (geht)[31], also nicht etwa automatisch zu einem neuen Entstehen wird. *Ohne* Zugrundelegung von *(1.6.1-6)-(1.4.1-9a/b)* bzw. des Zerstörungsregresses des Seins gilt, dass das „Nichtseiende" bzw. „Ist-Nicht" „unerkundbar", jeder Nachweis „unausführbar"[32], ja das Ganze „undenkbar"[33] und - in Bezug auf LA_3, also die Mathematik der Begriffe des Nicht-Sein - „unaussprechbar"[34] sei, womit sie direkt auf die oben erwähnte Antinomie hinweist. Das Nicht-Sein, so teilt die Göttin dem zu ihr reisenden Jüngling mit, kann immer nur im Zusammenhang mit der Zerstörung des Seins gesehen werden. Jede andere Form der begrifflichen Verwendung, so geht aus den Aussagen der Göttin hervor, ist ungültig und damit, wie sich anhand von *(1.6.1-13)* gezeigt hat, eine als Aussage zu löschende Antinomie, auf die nur noch referentiell durch LA_3 hingewiesen wird.

Mit $-_{□6} = \vee$

ergibt sich

Ist $LA_3 \vee LA_1\ LA_2$ *(1.6.1-14)*

„Ist oder Nicht-Ist"[35], denn das Sein ist „entweder ganz und gar … oder überhaupt nicht."[36] Bei *(1.6.1-14)* handelt es sich um das *eleatische Tertium non datur*, das, wie die axiomatisch konsistent durchgeführte Beweisführung zeigt, die *einzige gültige Quelle der Logik* ist (OntoLogik = Logik des Seins).

---

[30] Parmenides, Aletheia, 8.12.
[31] Parmenides, Aletheia, 8.21
[32] Parmenides, Aletheia, 2.7
[33] Parmenides, Aletheia 8.8. Vgl. ferner 2.7
[34] Ebenda
[35] Parmenides, Aletheia, 8.16
[36] Parmenides, Aletheia, 8.11.

Die in der heutigen Mathematik und anderen Wissenschaften verwendete Logik hingegen hat das eleatische Tertium non datur zum Gegenstand einer weiteren Logischen Aussage gemacht und auf diese Weise die Anti-Logik als grundlegendes Anti-Wissenschaftsprinzip begründet. Dieses Tertium non datur ist Mimesis, Mimikry und Nemesis des eleatischen Tertium non datur:

$$LA_3\{-_{□6}\}; \ LA_1 \ LA_2\{-_{□6}\}; \ =_{log} \ logz_5\{-_{□6}\} \hspace{3cm} (1.6.1\text{-}15)$$

bzw.

$$Ist \ \vee \ logz_5\{-_{□6}\} \hspace{3cm} (1.6.1\text{-}16)$$

bzw.

$$Ist \ oder \ Nicht\text{-}Ist_{logz5} \hspace{3cm} (1.6.1\text{-}17)$$

Das anti-logische Tertium non datur ist die Mathematik der Auslöschung aller Logischen Aussagen und liegt der heutigen Arithmetik, aber auch, wie gezeigt werden wird, der westlichen Physik als das sie beherrschende Kernaxiom zugrunde.

Kurt Gödel machte aus PM = P den Beweissatz [R (q);q] geltend, der von sich behauptet, unbeweisbar zu sein (aus einer PM-Klassenfunktion unter Verwendung ausschließlich natürlicher Zahlen gewonnen).[37] Wird der Satz als Aussage A bezeichnet und die Beweisbarkeit der Aussage A als Inhalt des Seins definiert und folglich als „Ist", nimmt [R (q);q] die logische Form „A Nicht-Ist" an. Da Gödel (1.6.1-13) nicht anwendete, gilt (1.6.1-17), die Anti-Logik. Die Behauptung, dass eine Aussage A nicht beweisbar sei, (also entweder als Ist oder als Auslöschung eines Ist, angezeigt durch LA_1 und LA_2, zu bezeichnen ist, siehe (1.4.1-14)), ist zutiefst anti-logisch und daher durch Löschung dieser Aussage, also LA_3 bzw. (1.6.1-12) aus dem Begriffsspektrum der Mathematik zu entfernen. Das Gödel-Theorem ist eine anti-logische Konstruktion, die mit einer ontologisch fundierten Logik im Sinne der Logischen Aussagen LA_1 - LA_3 nichts zu

---

[37] Gödel a. a. O., S. 175.

tun hat. Das Gödel Theorem ist ungültig und [R (q);q] ist aus der Arithmetik zu entfernen.

An dieser Stelle sei an den Ausspruch David Hilberts erinnert, der gesagt hat, dass es in der Mathematik kein „Ignorabimus" gebe.[38] In der Tat gibt es nichts, was sich dem Denken verschließt, wenn man die Tatsachen nicht ignoriert.

Aus der eleatischen Logik folgt, dass alle negativen Zahlen Dritte Logische Aussagen sind („LA_3") und daher aus der Theorie der rationalen Zahlen zu entfernen sind.[39]

Die Ausdrücke und Gleichungen *(1.6.1-1)-(1.6.1-17)* werden im Folgenden als System P_5 bezeichnet.

1.6.2 Anti-Logik 2: Subtraktion der heutigen Arithmetik

Zusammenfassung: Nachweis, dass die arithmetische Subtraktion unvollständig ist. In dem hier dargestellten Fall führt die Unvollständigkeit zur Ungültigkeit, was durch Anti-Logik angezeigt wird.

Wir legen im Geist einen Ast vor uns hin und zersägen ihn in zwei gleiche Teile. Bei Ast = *x* = *1* wird dieser Vorgang zunächst durch die arithmetische Subtraktion *1 - 0,5 = 0,5* dargestellt. Mit dem Zersägen des Astes, ausgedrückt durch den arithmetischen Operator „-" = Säge, entstehen auf die Erde herabfallende Holzbrösel, die als Ergebnis des Vorgangs „Subtraktion" zu den anderen Ergebnissen, *x - w = z* und *w = x - z* hinzuzufügen sind. Dies geschieht in Form der eleatischen Subtraktion *(1.6.2-1)* x [[-] $=_a \tau$] $w = z$.[40] Ausdruck [[-] = τ] zeigt den meta-arithmetischen Operator [-], der mit dem Operanden τ = *Intraquotient* (im Beispiel oben: Holzbrösel) gleich ist, weil dieser Operand von der Größe des Operators abhängt (im obigen Beispiel: Je nach Durchmesser des

---

[38] Hilbert (1900).

[39] Ein weiterer Nachweis für die Ungültigkeit negativer Zahlen befindet sich in de Redmont a. a. O., S. 110. Der dort geführte Nachweis ist gegenüber P_5 ein P_{B2}-Beweissatz.

[40] Die eleatische Subtraktion ist aus dem Zweiten Koinzidenzgesetz der eleatischen Mathematik als meta- arithmetisches Axiom abgeleitet. Vgl. de Redmont a. a. O., S. 63 f.

Sägeblatts fallen mehr oder weniger Holzbrösel an). Die eleatische Subtraktion, per Evidenzbeweis aufgestellt, gilt auch dann, wenn angenommen wird, dass der Ast bereits geteilt (zersägt) wurde und die Teile als Minuend nach der Formel $x = z + w$ zusammengelegt, und dann mit $[z + w] - w = 0 = 0$ voneinander getrennt werden. Denn in diesem Fall wird der sich bei Entfernung des Subtrahenden auftuende Raum, der *Nicht-Ort* des Subtrahenden am Ort des Minuenden, $_D[\quad]_D$, unter Berücksichtigung von *(1.2-3)*, *(1.2-6)* und *(1.2-7)* und auf der Basis von $x = z + w$ in der Form von *(1.6.2-2)* $= x_D[\quad]_D = 0 = [\tau =_a [-]]\ w = x0 - w = z$ geteilt, wodurch $_D[\quad]_D = 0 = \tau$ als *Intraquotient* τ entsteht. Die durch die Operatortätigkeit in der Subtraktion ausgelöste Quotientenbildung umfasst also eine zusätzliche Quotientenklasse, den Intraquotienten τ.

Aus *(1.6.2-1)* leitet sich die arithmetische Subtraktion wie folgt ab:

$$[-] -_\square logz_6\{-_\square\} =_{log} logw\{-_\square\} \qquad\qquad \textit{(1.6.2-3)}$$

Der Operator „$-_\square$" ist aus der Auflösung des Gleichheitszeichens „$=_a$" aus *(1.6.2-2)* und der sich anschließenden Division

$$-/- \qquad\qquad \textit{(1.6.2-4)}$$

hervorgegangen. Diese Division ergibt zwei durch den quer liegenden Divisor erzeugte Quotienten. Der logische Quotient $logz_6\{-_\square\}$ repräsentiert diese Quotienten als Logische Aussage. Der Logische Subtrahend $logw\{-_\square\}$ repräsentiert den ausgelöschten Intraquotienten τ. Beide Ausdrücke sind Erste Logische Aussagen, „LA_{1a}" und „LA_{1b}". Dies zieht nach *(1.6.1-13)* die Verneinung der Logischen Aussage LA_{3a} nach sich und es gilt entsprechend

$$-_\square g LA_{3a} \rightarrow LA_{1a}\ LA_{1b} \qquad\qquad \textit{(1.6.2-5)}$$

Werden „LA_{1a}", „LA_{1b}" und „LA_{3a}" ausgelöscht, gilt also die Mathematik der Auslöschung aller logischen Aussagen von *(1.6.1-17)*, handelt es sich um eine Antinomie. Weil in der arithmetischen Subtraktion die Aussagen „LA_{1a}", „LA_{1b}" und „LA_{3a}" nicht auftreten, also im anti-logischen Sinn ausgelöscht sind, ist sie eine Antiromie und muss in ihrer jetzigen Form aus der Arithmetik entfernt werden.

Die Ausdrücke und Gleichungen *(1.6.2-1)-(1.6.2-5)* werden im Folgenden als System P_6 bezeichnet.

1.6.3 Anti-Logik 3: Die Division der heutigen Arithmetik

Zusammenfassung: Die arithmetische Theorie der Division ist nicht unvollständig, wie die arithmetische Subtraktion. Sie existiert in der Arithmetik überhaupt nicht und ist deshalb eine mathematische Scheintheorie. Diesem Nachweis folgt der Beweis, dass die arithmetische Definition der Division antinomisch bzw. anti-logisch ist. Die Beweissätze sind in Zusammenhang mit de Redmont (2010) S. 67 ff. und de Redmont (2013), Kapitel 2.3, super-Gödel-konsistent.

Die zweite in der Arithmetik bekannte Form des Teilens und Trennens ist die Division. Sie wird hier mit $y/x = z$ mit y = Dividend, x = Divisor und z = Quotient angegeben. Fasste man, bei beispielsweise *1/2 = 0,5*, den Term $x = 2$ als Operatorfunktion auf, der die Anweisung beinhaltet, den Dividend $y = 1$ in zwei gleiche Teile zu teilen, dann würde in der Divisionsgleichung ein Multiplikator $n = 2$ fehlen, denn das Ergebnis der Teilung ist dann $y/x = n \times z$ bzw. *1/2 = 2 × 0,5*. Daraus folgt, dass x in der arithmetischen Division *keine* Divisionsfunktion darstellt, sondern ein Operand ist und damit eine Zahl. Der Ausdruck „*y/x*" bzw. „*1/2*"ist deshalb zunächst nichts anderes als eine andere Schreibweise für *0,5* und der Ausdruck *1/2 = 0,5* ist entsprechend keine Gleichung, die eine Funktion beinhaltet (Rechenoperation), sondern eine Identitätsgleichung eines Operanden in unterschiedlicher Schreibweise. Um dennoch als Funktionsgleichung gelten zu können, wird zunächst zu *1 = 2 × 0,5* umgestellt (mit der wegen des fehlenden Intraquotienten ungültigen Behauptung, die Zahl 1 sei die Summe ihrer Teile und dann die Division *1 = 0,5 × 2* |*: 2* aufgestellt. Da die Operatorfunktion [*x*] bzw. [:2] aber zum Operanden *1*/[2], also zur Zahl, mutiert, teilt die arithmetische Divisionsoperatorfunktion [:*x*] in Wirklichkeit nicht den Dividend y bzw. den Zählerwert, sondern den *mathematischen Zwischenraum*

$_D[$ $]_D$, der den ausgegliederten Quotienten *0,5* von dem in diesem Fall zweiten und gleichen Quotienten aus der Größe *y* trennt (für den Fall *x > 2* handelt es sich um mehrere ausgegliederte Quotienten). Es gilt *(1.2-3)* $_c[= 0]_c$ - $_c[= 0]_c$ = $_D[$ $]_D$, wobei die unter Berücksichtigung von *(1.5-18)* erfolgende Umstellung auf *(1.6.3-1) sum*: $_c[=_1 0]_c$ = $_c[= 0]_c$ - $_D[$ $]_D$ die Definitionen *(1.6.3-2a)* *y* = $_c[= 0]_c$ und *(1.4.6-2b)* *z* = *sum*: $_c[=_1 0]_c$ liefert. Bei *(1.4.3-2b)* handelt es sich um die vom Divisionsoperator aus der Teilung des Dividend *y* hervorgegangenen Quotienten als Summenwert. Es gilt

$$_D[\ ]_D - _{\square 10}\ logw\{-_{\square 10}\} = _{log}\ logz_7\{-_{\square 10}\} \tag{1.6.3-3}$$

Der Logische Dividend *logw*$\{-_{\square B}\}$ist der in der arithmetischen Division nie geteilte Dividend, der deshalb als Teilungsgröße ausgelöscht wird. Der Logische Quotient *logz*$_7\{-_{\square B}\}$ ist die in der arithmetischen Division nie stattfindende Summenbildung der aus der Division hervorgehenden Quotienten. Beides sind Logische Aussagen und werden im Folgenden als „*LA*$_{1c}$" zusammengefasst. Sie ziehen das Negativ der Dritten Logische Aussage, „*LA*$_{3b}$" nach sich, wobei der Zerstörungsoperator „-$_{\square 11}$" aus dem Zerfall von „=$_1$" in *(1.6.3-1)* auf dem Weg *(1.6.2-4)* gewonnen wird. Für die arithmetische Division gilt die Aussage

$$-_{\square 11}\ LA_{3b} \rightarrow LA_{1c} \tag{1.6.3-4}$$

Da *(1.6.3-4)* in der Theorie der arithmetischen Division nicht auftritt und somit gemäß *(1.6.1-17)* anti-logisch ausgelöscht wurde, ist die arithmetische Division eine Antinomie, die aus der Arithmetik zu entfernen ist.

Die logische, konsistente und einfachste Form der Divisionsgleichung lautet $y[/]x = n^m vz$,[41] wobei *x* jene Operatorfunktion ist, die durch *x* = 2, 3, 4 ... anzeigt, in wie viele gleiche Teile der Dividend *y* zu teilen ist. Klein *n* ist dann der Multiplikator, der die Anzahl gleicher Quotienten angibt, die aus der Teilung hervorgehen. Die Quotienten $^m vz$ sind mit $^m vz$ = *z* - τ definiert, wobei *[/]* = τ gilt.[42] Wird, um im oben genannten Beispiel zu bleiben, der Ast *y = 1* in zwei gleiche Hälften geteilt, gilt folglich *1[/]2 = 2^{m}v0,5*, wobei durch die Teilung, das

---

[41] Vgl. de Redmont a. a. O., S. 68.
[42] Ebenda

heisst aber: durch den Divisor **[/]**, Holzspäne entstehen, **[/]** = τ_S, mit τ_S = Holz-späne, die die Quotienten z um z - τ = $^m\sqrt{z}$ verkleinern.

Die Ausdrücke und Gleichungen *(1.6.3-1)-(1.6.3-4)* werden im Folgenden als System P_7 bezeichnet.

1.6.4 Anti-Logik 4: Der Grenzwert der Analysis

Zusammenfassung: Nachweis, dass der Grenzwert der Analysis und damit der Differentialquotient ungültige mathematische Theorien sind. Dieser Naschweis ist im Zusammenhang mit de Redmont (2010) S. 89 ff. und de Redmont (2013), Kapitel 1.3, super Gödel-konsistent. Darauf folgt der Beweis, dass es sich beim Grenzwert der Analysis um eine Antinomie bzw. Anti-Logik handelt. Einführung eines neuen Grenzwertaxioms, dessen Existenznachweis axiomatisch unab-hängig erfolgt und daher konsistent ist. Axiomatisch konsistente Begründung der reellen Zahlen.

Nun soll ein weiterer Ast nach dem Gesetz der geometrischen Reihe *1/2, 1/4, 1/8, 1/16, ...* geteilt werden und der Minuend x wird entsprechend zur Va-riablen x_n der Funktion

$$x_n\,[[\text{-}] = \tau\,]\,w = z, \tag{1.6.4-1}$$

mit n = 1, 2, 3, ... Anzahl Minuenden und $z \rightarrow 0$. Dieser Grenzwert ist wegen *(1.6.2-3)- (1.6.2-5)* und *(1.6.1-15)-(1.6.1-17)* als anti-logisch zurückzuweisen. Der analytische Grenzwert ist eine Antinomie und muss deshalb aus der Grenzwerttheorie entfernt werden.

Der logische und konsistente Grenzwert ist nicht die Behauptung $z \rightarrow 0$, sondern τ_*. Es gilt *(1.6.4-2)* $x_{n*} = z_* = w_* = 0$, wobei x_{n*} jener Minuend $x = z + w$ ist, der unter der Einwirkung des Operators (Minus) als *Grenzminuend* zerfällt. Weil der Grenzminuend x_{n*} unter dem Operator zerfällt, gilt *(1.6.4-3a)* [-] = τ_* = x_{n*} bzw. *(1.6.4-3b)* τ_* = z_* = w_* = 0 bzw. *(1.6.4-3c)* 0 = z_* = w_* = 0 - τ_* und *(1.6.4-3d)* 0 + τ_* = 0 bzw. mengentheoretisch

$0 = \{n\tau_*\},$ (1.6.4-4)

mit n = 1, 2, 3, …Gleichung *(1.6.4-4)* gibt an, dass die fortgesetzte Teilung von Grenzwerten nach der Grenzwertfunktion *(1.6.4-1)* n *Grenzwertintraquotienten* **τ** hervorbringt. Die Null ist daher die *Menge aller Grenzwerte* τ_*.

Wird auf der Basis *(1.6.4-3d)* aus $0 - 0 = \tau_*$ der Grenzwert der Null mit *(1.6.4-5)* $0\,[-] = \tau_* 0 = \tau_*$ ermittelt, zeigt sich bei mengentheoretischer Darstellung,

$_B[0 \,_A[\tau_*]_B\!*0]_A = \tau_*,$ (1.6.4-6)

dass τ_* in Ausdruck A nach der Null und in Ausdruck B vor der Null steht was bedeutet, *dass τ_* durch die Null hindurchgeht bzw. aus der Null stammt.* Die eleatische Grenzwerttheorie ist daher ein P_{B2}-Beweis für die P_4-Theorie der natürlichen Zahlen *(1.5-18)*, wobei die axiomatische Unabhängigkeit dieses Beweises durch den Intraquotienten gewährleistet ist. Daher gilt

$\tau_* = n\mathrm{N},$ (1.6.4-7)

mit $n \le 1$. Bei *(1.6.4-7)* handelt es sich um die axiomatische Begründung der reellen Zahlen.

Der Nachweis *(1.6.4-7)* ermöglicht die Umwandlung aller Operanden in Intraquotienten. Beispielsweise gilt auf der Basis von *(1.6.4-1)*

$x + w = \tau = z;$ (1.6.4-8a)

$x = \tau = z + w;$ (1.6.4-8b)

$\tau + w = \tau = \tau + w;$ (1.6.4-8c)

Aus *(1.6.4-8a)* folgt $\tau = z$, aus *(1.6.4-8b)* $\tau = x$ und aus *(1.6.4-8c)* $\tau = w$. Nach der Umstellung aller Operanden auf Intraquotienten τ ergibt sich die eleatische Grenzwertfunktion mit

$$\tau \, [\text{-}] \, \tau = 0 + \tau^{43} \qquad\qquad\qquad\qquad \textit{(1.6.4-9)}$$

Insgesamt zeigt sich, dass die Arithmetik in ihrer heutigen Form einige gewichtige zu entfernende Bestandteile hat.

Die Ausdrücke und Gleichungen *(1.6.4-1)-(1.6.4-9)* werden im Folgenden als System P_8 bezeichnet.

1.6.5 Exkurs: Die westliche Physik als Anti-Logik

Zusammenfassung: Die westliche Physik ist der Auffassung, dass sie mit ihren Begriffen existentielle Tatbestände beschreibt. In Wirklichkeit beschreibt sie das *Nichts* (in eleatischer und taoistischer physikalischer Nomenklatur: Die Entropie, nicht zu verwechseln mit dem in der Thermodynamik verwendeten Begriff). Sowieso existieren ihre Begriffe in der *physischen RaumZeit*, konsistent formuliert nur als *Natur-Negative* bzw. als *Wirkungen* von Natur-Positiven, die im physischen Raum gar nicht vorhanden sind. Dieses Ergebnis hat eine auf die Kosmologie des Taoismus vorbereitende Funktion, denn diese zeigt u. a., dass die Natur-Positive, die die westliche Physik mit ihren Begriffen vermeintlich beschreibt, anderen RaumZeiten zuzuordnen sind, die in Kapitel 1.10.3 als *Transphysikalische RaumZeiten* (*Transphysical Spacetimes*, *„TST"*) bezeichnet werden. Da die westliche Physik das Nichts, das sie darstellt (die Schopenhauer'sche *Maya*) nicht ausweist, ist sie anti-logisch bzw. antinomisch. Im Unterschied zur Arithmetik muss die Physik vollkommen neu begründet und aufgebaut werden. Ein erster Schritt in diese Richtung erfolgt durch die Definition der Newton'schen und Einstein'schen Zeit *t* als Schwerkraft und die Darstellung des Einstein'schen Energiebegriffs *e* als Transformation der Schwerkraft (in der eleatischen Physik: Elea-Supertransformation).

---

[43] Für eine alternative Herleitung der eleatischen Grenzwertfunktion siehe de Redmont a. a. O., S. 70.

Bevor auf die Physik Newtons eingegangen wird, gelten folgende Regeln:

1. Alle Divisionen werden aufgrund der in *(1.6.3-1)* nachgewiesenen Gleichheit von Minus- und Divisionszeichen in Subtraktionen überführt[44].

2. Alle Operanden Newtons sind gemäß *(1.6.4-8a)- (1.6.4-8c)* Intraquotienten τ.

3. Da [-] in Form von τ auch Operand ist, sind alle Größen Newtons, soweit es sich um das Minuszeichen handelt, in die Nomenklatur der Systeme P_2-P_8 überführbar.

Newton`s dynamisches Gesetz lautet *k = mv*, mit *k* = Kraft, *m* = Masse und *v* = Geschwindigkeit. Klein *v* ist auch als *v = s/t* definiert, wobei *s* = Strecke und *t* = Zeit. Da aus Newton `s dynamischem Gesetz zwei Definitionen von *v* hervorgehen, nämlich *v = s/t* und *v = k/m*, gilt *sm = kt*, (*s = v/t* und *v = k/m* ergeben *s = k/m/t* bzw. *sm = kt*). Aus dieser Gleichung ergeben sich folgende Definitionen der Zeit: Bei *k, m = 1* gilt *t1 = 1s*. Bei *k, s = 1* gilt *t1 = m1*. Folglich gilt bei *t = s/v* bzw. *t = s/k/m* der Ausdruck *t = 1/1/1/m*.

Wegen [/] = [-] gilt zunächst *(1.6.5A-1)* t = [-]$_a$ [-]$_b$ [-]$_c$ m. Der Ausdruck [-]$_a$ [-]$_b$ [-]$_c$ ist eine meta-arithmetische Subtraktion, sodass es sich bei [-]$_a$ und [-]$_c$ um Operanden handelt, und wegen [-] = τ und *(1.6.4-8a)-(1.6.4-8c)* entsprechend *(1.6.5A-2)* τ_t = [τ [-]$_b$ τ] τ_m gilt. Auf der Basis von *(1.2-9)* bzw. *(1.3-4)* wird ein weiteres Gleichheitszeichen zur Verfügung gestellt, sodass *(1.6.5A-3)* τ_t = [τ_a [-]$_b$ τ]$_A$ = τ_m entsteht. Die Bedeutung der Quotienten τ_t und τ_m wird klar, wenn man berücksichtigt, dass der Quotient $z = \tau_t = \tau_m$ der Subtraktion *(1.6.5A-3)* der physikalische Nicht-Ort $_{D*}$[...]$_{D*}$ des Minuenden „τ_a" ist. Unter Bezugnahme auf *(1.6.2-2)* gilt die Definition *(1.6.5A-4)* $_{D*}$[...]$_{D*}$ = τ_t = τ_m und der Weg *(1.6.2-3)-(1.6.2-4)* und damit die Logischen Aussagen „LA_{1d}" und „LA_{3c}". Da „LA_{1d}" und „LA_{3c}" in der klassischen Physik nicht auftreten und somit anti-logisch gemäß

---

[44] Diese Gleichheit wurde außerdem durch das erste Identitätsgesetz der (eleatischen) Meta Arithmetik nachgewiesen. Vgl. de Redmont a. a. O., S. 65 f.

(1.6.1-17) ausgelöscht wurden, ist die Physik Newtons antinomisch (anti-logisch) und daher eine ungültige physikalische Theorie.

Aus *(1.6.5A-3)* und *sm = kt* (siehe oben) folgt

m = t = k = s = v = Entropie,   *(1.6.5A-5)*

Die Physik Newtons löst sich in physikalische Nicht-Orte $_{D^*}[$ ... $]_{D^*}$ auf und die taoistische Physik zeigt in Kapitel 1.10.3, dass es sich dabei um das *Nichts* handelt, von dem gleichzeitig nachgewiesen wird, dass es eine konsistente Theorie der Entropie darstellt.

Wozu dienen die Newton'schen physikalischen Nicht-Orte? Der Ausdruck *m = k/v* ergibt sich aus *k = mv* | : *v* bzw. *k/v = m v/v*. Mit *v = k/m* folgt *m k/k = m v/v*. Auf der Basis von [/] = [/] = ( )$_{□}$ = *Negativ* bzw. *Abdruck* soll

$$_{Dm^*}[...]_{Dm^*} (_{Dk^*}[...]_{Dk^*})_{□Dk^*}[...]_{Dk^*} = {}_{Dm^*}[...]_{Dm^*} (_{Dv^*}[...]_{Dv^*})_{□Dv^*}[...]_{Dv^*}$$ *(1.6.5A-6)*

gelten, also die Schaffung von Formnegativen auf der Basis der Kreiskräfte durch Masse-Positive im physischen Raum. Das dynamische Gesetz ist in der vorliegenden Form eine Schöpfungsphantasie der erträumten Ω_f-Äquivalenz der Nicht-Orte bzw. des *Nichts*. Das dynamische Gesetz Newtons ist daher eine okkulte Formel. Diese Feststellung ist ganz wörtlich zu verstehen. Denn das, was das dynamische Gesetz eigentlich ist, ist verborgen in ihm als Anti-Logik.

Mit dem Ergebnis *(1.6.5A-1)-(1.6.5A-6)* ist hinduistischen und buddhistischen Gelehrtenbehauptungen Respekt zu zollen, die die westliche Naturwissenschaft, in der Diktion Schopenhauers gesprochen, als *Maya* bzw. als Illusion bezeichnen und bezeichnet haben.[45] Als man in Süddeutschland noch Barockengel an Kirchendecken malte, verfasste Newton mit dem dynamischen Gesetz fast 200 Jahre vor Nietzsche's *Zarathustra* eine Monographie des vollständigen und reinsten Nihilismus.

Maya bedeutet Illusion. Sie bedeutet ebenso die Unwirklichkeit vergänglicher Dinge ... Die Welt wie sie vor unseren ... Augen erscheint, ist eine kosmische Illusion." Sri Chinmoy, zit. aus Ramón (2005) S. 30.[45]

Werden die Newton`schen Begriffe auf den Boden der eleatischen Meta-Arithmetik gestellt, sind sie physikalisch werthaltig. Wird das dynamische Gesetz von der bereits bekannten Form $k/v = m$ ausgehend umgestellt, dann ergibt sich nach Auflösung nach dem eleatischen Operator/Operanden $[-]= \tau$ zunächst *(1.4.5A-7)* $[-] =_a \tau = \tau_m (\tau_k) (\tau_v)$. Aus dem Operator „$=_a$" folgt auf der Basis *(1.3-8a/b)-(1.3-10)* und nach Spiegelumkehrung

$$\Omega_{la} = [-] = \tau = \tau_m (\tau_k) (\tau_v) \qquad\qquad (1.6.5A-8)$$

Der Beitrag des so formulierten dynamischen Gesetzes Newtons zur Festkörperphysik besteht darin, dass mit der *Oberflächenspannung* (τ_k) und *Sublimation* (τ_v), die nur Negative, bzw. Abdrücke oder eigentlich: Wirkungen der Naturkräfte τ_k und τ_k sind, Konkretisierungen des in der taoistischen Physik zentralen Wirksamkeitsprinzips „$\{ \}_{41}$" vorliegen. Dass es sich um eine Wirksamkeit aus dem Nullraum gemäß *(1.4.4-4)* handelt (in der taoistischen Physik der transphysikalische Raum T_1), erkennt man am Beispiel der Oberflächenspannung daran, dass sie durch *inter*molekulare Kohäsion zustande kommt (und nicht etwa aufgrund von im Masse-Positiv τ_m wirkenden elektrolytischen Prozessen).

Aus $k/m = v$ und $v = s/t$ folgt gemäß den oben beschriebenen eleatischen Umstellungen mit

$$n[\tau_s (\tau_t)]_A = [\tau_k (\tau_m)]_B \qquad\qquad (1.6.5A-9)$$

die Wirksamkeit der im Nullraum entstehenden Massedichte „τ_s" als Gravitation, „(τ_t)", und die Wirksamkeit der Naturkraft k, „τ_k", als Massebildung „(τ_m)". Die taoistische Physik wird dann später in 1.10.3 zeigen, dass diese Vorgänge aus dem kontinuierlichen Zerfall von Kreisformen und Kreiskräften hervorgehen.

Weiter gilt die eleatische duale Grenzwertfunktion

$$[\tau_s [-] \tau_t]_A = 0 + (\tau_t) = [\tau_k [-] \tau_t]_B = 0 + (\tau_m) = \tau_v, \qquad\qquad (1.6.5A-10a)$$

die jene Wechselwirkung

$$A = z_{1N} = B = z_{2N} = A, \ldots, \qquad \text{(1.6.5A-10b)}$$

zum Ausdruck bringt, die man beispielsweise anhand der Bewegung eines Rades nachvollziehen kann (rollende Masse als permanente Wiederholung der Gravitation).[46]

Es mag für das heutige naturwissenschaftliche Denken befremdlich klingen, dass im physischen Raum *keine* der Newton'schen Begriffe vorhanden sind und sie sich in diesem nur als *Wirkung* befinden. Dennoch handelt es sich um eine in einfachster Weise nachvollziehbare Tatsache, die nur deshalb nicht berücksichtigt wird, weil die Anti-Logik der Physik die sorgfältige sinnliche Wahrnehmung ausgeschaltet hat (man sieht nur, was das Bewusstsein einem in dirigistischer Weise zeigt oder eben nicht zeigt). Man stelle sich einen See vor, der gefriert bzw. später verdunstet. Was im physischen Raum sinnlich erfasst wird, ist nicht eine „Erscheinung von τ_k oder τ_v", sondern nur die *Wirkungen* dieser Kräfte in Form von gefrorenem Eis und Wolkenbildung aufgrund von Verdunstung. Sinnt man nun der Verdunstung nach und gerät auf diese Weise mit $c = s/t$ an die Sonne (c = Lichtgeschwindigkeit), stellt sich heraus, dass die Zeit t, als Messgröße auf der Basis einer Streckenmarkierung (der Messskala) erfasst, lediglich ein metrischer *Abdruck* bzw. ein Negativ von Bewegung am Messmedium s = Strecke ist.

Die Ausdrücke und Gleichungen *(1.6.5A-1)-(1.6.5A-10a/b)* werden im Folgenden als System P_9 bezeichnet.

---

[46] Die Fruchtbarkeit der Newton'schen Begriffe erweist sich insbesondere auch im Zusammenhang mit den in de Redmont a. a. O., S. 110 ff. beschriebenen Wechselwirkungen.

Einsteins erste Zeitgleichung der Speziellen Relativität lautet $t_B - t_A = r_{AB}/V - v$. Bei $t_B - t_A$ handelt es sich um die Zeit, die das Licht V (V = Lichtgeschwindigkeit) vom Punkt B, der das hintere Ende eines Stabes r_{AB} bezeichnet, bis zu dessen vorderen Ende am Punkt A, benötigt. Diese Zeit ist als Subtraktion dargestellt, weil der Lichtweg zuvor aus messtechnischen Grün-den als Weg von A nach B festgelegt wurde, worauf noch zurückzukommen sein wird. Da der Lichtweg von A nach B dem Lichtweg von B nach A entspricht, drückt die Subtraktion die Versetzung des Lichts von B nach A aus, wobei der Quotient $z = 0$ anzeigt, dass das Licht B verlassen hat und $w = t_A = t_B - z$ bzw. $w = t_A = t_B$ anzeigt, dass das Licht sich in Punkt B befindet. Die primäre Konstruktion des Lichtweges von A nach B hat den Zweck, die Ankunftszeit des Lichtes in B einerseits durch Be-obachter messen zu lassen, die sich auf dem Stab r_{AB} befinden, und anderer-seits durch Beobachter, die sich nicht auf dem Stab befinden. Dabei stellt sich im Rahmen der klassischen Physik heraus, dass die Ankunftszeit des Lichts für die Beobachter auf dem Stab und die sich nicht auf dem Stab befindenden Be-obachter unterschiedlich ist, was in der Mechanik plausibel zur erklären ist, weil sich durch die Bewegung des Stabes, v, der Lichtweg um $V - v = z$ verkürzt. Dies gilt allerdings nicht für die Elektrodynamik. Ganz gleich mit welcher Ge-schwindigkeit $v = k/m$ beziehungsweise $v = s/t$ zum Beispiel eine Wassermasse in eine Turbine geleitet wird, um einen Generator anzutreiben: die Lichtge-schwindigkeit, die sich aufgrund der Stromerzeugung beispielsweise an der op-tischen Lichtemission einer Glühlampe messen lässt, ändert sich nicht. Deswe-gen gilt $V - v = z$ nur mechanisch, nicht aber elektrodynamisch. Elektrodyna-misch gilt die Addition der Quotienten $z + w$ beziehungsweise $[V - v] + v = V$.

Wegen der unterschiedlichen Lösungen für den Nenner $V - v$ handelt es sich bei $r_{AB}/V - v$ nicht etwa um den Quotienten z der Subtraktion $t_B - t_A$, sondern um eine Funktion. Da Einstein die Formulierung einer physikalischen Theorie anstrebte, die die angeblichen mechanischen Gesetze Newtons mit den elekt-rodynamischen Tatsachen in Übereinstimmung bringen sollte, formulierte er die Newton`sche Zeitgleichung neu. Mechanisch (also gemäß der klassischen Physik) ist die durch die sich nicht auf dem Stab befindlichen Beobachter ge-messene Zeit $t_B - t_A$ - Ankunft des Lichts in Punkt B - relativ, d. h. im Vergleich zur gleichen Messung durch die sich auf dem Stab befindlichen Beobachter - ebenfalls Zeitmessung bei Ankunft des Lichts in Punkt B - länger. Dies wird durch den Quotienten $z = V - v$ indiziert, der den Gesamtwert der Variablen $r_{AB}/V - v$ erhöht. Für die Beobachter auf dem Stab ergibt sich die relative Zeitverkürzung aufgrund von $r_{AB} = s = tk/m$, oder anders ausgedrückt: aufgrund der geringeren Zeit $t = s/v$ bzw. dem geringeren Lichtweg s aus dem Ausdruck tk/m, die das Licht von A nach B benötigt beziehungsweise den das Licht von A nach B zurücklegt, wenn sich der Stab mit der Geschwindigkeit v bewegt. Im Vergleich zur Erklärung relativer Zeitdifferenzen aufgrund der Geschwindigkeitsdifferenz zweier bewegter Systeme innerhalb des Systems der klassischen Physik (Lorentztransformation), erfordert die Elektrodynamik eine wesentlich detailliertere Untersuchung der Zusammenhänge zwischen Kraft, Masse und Geschwindigkeit, Da elektrodynamisch r_{AB}/V gilt, gilt insgesamt $t_B - t_A = r_{AB}/V$. Da zudem r_{AB}/V eine Definition von $t_B - t_A$ ist, wird zunächst allein der Ausdruck r_{AB}/V betrachtet, den man wegen $r_{AB} = s$ auch als $s/V = t$ schreiben kann. Es gilt die Definition $t = ms/k$ aus Newton´s dynamischem Gesetz $k = m \times s/t$, die sich wegen $v = k/m$ auch als $v \times s$ bzw., bei $s = tk/m$, als $v \times tk/m$ bzw. $v^2 \times t$ schreiben lässt. Eine weitere Umstellung dieses Ausdrucks ergibt Gleichung $s/t \times k/m$ $\times t = v^2 \times t$ bzw., nach arithmetischer Division durch t, die Lösung $s/t \times k/m = v^2$, die exakt der Ausgangslage $c \times k/m$ im nächsten Abschnitt entspricht, von der nachgewiesen wird, dass sie zu $e = mc^2$ bzw. $c^2 = m/e$ führt, sodass, zum ursprünglichen Ausgangspunkt zurückkehrend, Einstein $t_B - t_A = c^2 = m/e$ behauptet. Da aufgrund der gleichförmigen Translationsbewegung des Stabes r_{AB} die Energie $e = k \times v$ konstant ist, ergibt sich aus Einsteins Funktionsmodell $t_B - t_A = r_{AB}/V - v$ die Zeitverkürzung $r_{AB} = s = tk/m$ (Messung der Beobachter auf dem Stab r_{AB}) aus einer Verringerung der Masse m (Lorentzkontraktion). Die Bedeutung von Einsteins Physik erschließt sich dabei aus der aus $t_B - t_A = tk/m$ $/V - v$ und $t_B - t_A = c^2 = m/e$ resultierenden Gleichheit $tk/m/V - v = c^2$ bzw. $c^2 = t$, der Auslöschung der Schwerkraft und deren finalen Ersatz durch die Lichtgeschwindigkeit c^2.

Die Energieformel Einsteins lautet $e = mc^2$, mit e = Energie, m = Masse und c^2 = Lichtgeschwindigkeit. Ausgangspunkt für diese Formel ist das dynamische Gesetz Newtons in der Form $k/m = c$. Durch Multiplikation mit klein c ergibt sich zunächst $ck/m = c^2$. Da es bei Newton eine zweite Definition für die Geschwindigkeit, $v = s/t$ gibt, entsteht $s/t \times k/m = c^2$. Weil sich der Ausdruck $s/t \times k/m$ auch als $s/t \times k \times 1/m$ bzw. $s \times k/t \times 1/m$ schreiben lässt, und klein s mit $s = kt/m$ definiert ist, ergibt sich

$$kt/_a m \times k/_b t \times 1/_c m, \qquad\qquad (1.4.5B\text{-}1)$$

was zur Herauskürzung von t = Zeit führt, von der gleich unten gezeigt wird, dass sie bei Newton eigentlich die aus der Massedichte s herausgelöste Schwerkraft ist, die sich aufgrund eines Transformationsoperators durch Umwandlung entwickelt.

Es wird auf die Subtraktion

$$k \,_{Dt*}[\ldots]_{Dt*} - m \times k - {}_{Dt*}[\ldots]_{Dt*} \times 1/_c m \qquad\qquad (1.4.5B\text{-}2)$$

umgestellt, wobei $(1.4.5B\text{-}3)$ $_{Dt*}[\ldots]$ $_{Dt*} = t - t$ gilt, was entlang $(1.6.2\text{-}3)$-$(1.6.2\text{-}4)$ zu

$$kt\{-_{\square 14}\};t\{-_{\square 14}\}; =_{log} logz_{10}\{-_{\square 14}\} - m \times k - t\{-_{\square 15}\};t\{-_{\square 15}\} =_{log} logz_{11}\{-_{\square 15}\} \times 1/_c m$$
$$(1.4.5B\text{-}4)$$

führt und somit zu den Logischen Aussagen „LA_{1e}" und „LA_{3d}", die weil sie in der Einstein'schen Physik nicht auftreten, zur Anti-Logik von $(1.6.2\text{-}17)$ bzw. zur Mathematik der Auslöschung logischer Aussagen führen (anti-logisches Tertium non datur) und damit zur Feststellung, dass die Einstein'sche Physik aufgrund der Antinomie, die sie darstellt, keine gültige physikalische Theorie ist.

Durch die Beseitigung der Schwerkraft bzw. deren Auslöschung und damit der Schaffung des nicht deklarierten *Nicht-Ist* in Einsteins Physik - denn nach Kürzung zu $k^2/_a m \times 1/_c m$ bleibt bei konsistenter Behandlung des Ausdrucks der Operator/Operand $(1.6.5B\text{-}5)$ $/_b = [/] = \tau_{\square}$ übrig, der in die Rechnung zu integrieren ist -, ergibt sich in der nunmehr inkonsistenten Fortsetzung der Rechnung zunächst $k^2/m^2 = c^2$ bzw. $k^2/m = mc^2$ und, wegen $k^2/k/v = mc^2$ bzw. $k/1/v = mc^2$, schließlich $kv = e = mc^2$. Der Beweis für Einsteins Verwendung von Newtons zweiter Geschwindigkeitsdefinition $v = c = s/t$ auf der linken Seite der obigen Gleichung $ck/m = c^2$ liegt in der von Einstein nicht beanstandeten Einführung der Lichtgeschwindigkeit als Streckenkoordinate $x_0 = ct = s$ in Minkowski`s angeblich vierdimensionaler relativistischer Physik, die dieser zum besseren Verständnis der Speziellen Relativitätstheorie 1907 vorstellte.

Beim Zeichen „$/_b$" handelt es sich wegen seiner Entstehung aus k/m und seiner Herauslösung aus s/t um einen Operator/Operanden (und nicht etwa um ein Rechenzeichen, das einen Quotienten anzeigen soll), weswegen die eleatische Gleichung *(1.6.5B-6)* $s \times k[/] = \tau \, t \times 1/m$ gilt, die die Beseitigung von t = Schwerkraft verunmöglicht. Bei Umstellung zu *(1.6.5B-7)* $s \times k[/][/]\tau = t \times 1/m$ bzw. $s \times k = [-][-]\tau = t \times 1/m$ ergibt sich aus der meta-arithmetischen Subtraktion $[-][-]\tau$ die Identität der Quotienten $s \times k$ und $t \times 1/m$, sodass auf der Basis von $k = mv$ und $s \times mv = t/m$ die Definition der Schwerkraft in meta arithmetischer bzw. eleatischer Darstellung mit

$$\tau_t = \tau_m{}^2 \times \tau_s \times \tau_v \qquad\qquad (1.6.5B\text{-}8)$$

anzugeben ist. Da sich die Einstein`sche Lösung $t = c^2$ (siehe $tk/m/V - v = c^2$ bzw. $c^2 = t$ oben) als anti-logisch erwiesen hat, weil Licht keine Schwerkraft enthält, muss es sich beim Zeichen „$/_c$" ebenfalls um einen Operator/Operanden handeln, sodass sich auf der Basis $s/t \times k/m = c^2$ die eleatische Gleichung *(1.6.5B-9)* $s[-] = \tau_{i1}t \times k[-] = \tau_{ri2}m = c^2$ bzw. *(1.6.5B-10)* $(s) = \tau_{i1}t \times (k) = \tau_{ri2} \, m = c^2$ ergibt, die, wiederum im meta arithmetischen System der eleatischen Mathematik,

$$c^2 \, \Omega_i \, \tau_{i1}\tau_t \times \tau_{i2}\tau_m \qquad\qquad (1.6.5B\text{-}11)$$

ergibt. Bei τ_{i1} und τ_{i2} handelt es sich um jene *super-eleatischen Intraquotienten*, die die Umwandlung von Schwerkraft durch die in klein s erstarrten und nunmehr freien Formkräfte, τ_{i1}, zu frei schwingender Kontraktion und reverser Kontraktion (Expansion) bewirken, sowie um die nunmehr freien Bewegungskräfte τ_{i2}, die die in ihnen erstarrte Substanz zu homogen bewegter Feinstkörperlichkeit führen. Bei τ_{i1} handelt es sich um verwandelte Raumkräfte der Zeit, bei τ_{i2} handelt es sich um verwandelte Zeitkräfte des Raumes. Die Massereduktion auf der Sonne (Bethe-Weizsäcker-Zyklus) beinhaltet sowohl die Umwandlung und Verfeinerung von Räumlichkeit, als auch die Umwandlung der Schwerkraft zum Schwingungsspektrum des Lichts, das sein Wesen als Identität Ω_l in seiner Zeitform offensichtlich zeigt. Denn die Lichtwelle entsteht aus der Kreisfortpflanzung durch pythagoreische Spiegelung (siehe Kapitel 1.10.1) und der *unu actu* damit erfolgenden Umkehr der Bewegungsrichtungen als Wechselwirkung. Das, was in der heutigen Physik als Welle-Teilchen-Dualismus bezeichnet wird, ist, als Denkmodell aufgefasst, Folge der bereits vor Einstein in der westlichen Physik nicht konsistent erfassten Schwerkraft. Diesen Welle-Teilchen-Dualismus gibt es nicht. Was es gibt, ist durch die Wechselwirkung von Kontraktion und Expansion bewirkte Lichtfortpflanzung und die durch die gleichen Kräfte herbeigeführte Lichtein- und Lichtausfaltung.

Faktisch hat Einstein durch Beseitigung von *t* über $/_b$ = [/] = [-] = -$_{\square}$ mit seiner Physik aufgrund von

$$kt/_am \times k \text{-}_{\square}t \times 1/_cm \ = Entropie \qquad\qquad (1.6.5B\text{-}12)$$

das Niveau Newtons nicht überschritten. Bei Einsteins Physik handelt es sich gegenüber Newton sogar um einen Rückschritt. Meta physikalisch ist Einsteins Energieformel als *(1.6.5B-13a) e* [-] *c = mc* bzw. in der Schreibweise *x = z + w* als *(1.6.5B-13b) mc + c - c = 0 = mc* und wegen *(1.6.5B-13c) 2mc* [- =$_a$] *c = c* ein Widerspruch, der nur durch die Auflösung des Operators „=$_a$" in zwei Minuszeichen zu lösen ist und folglich die bereits aus *(1.4.5-1)* bekannte meta-arithmetische Subtraktion *(1.6.5B-13d) mc* = [-][-][-] liefert, womit Einsteins Physik interessanterweise genau dort endet, wo Newton`s Physik beginnt und beide münden als anti-logische Physiken in der in der taoistischen Physik von Kapitel 1.10.3 näher dargestellten Entropie, dem Naturtod des taoistischen Transphysikalischen Raumes T_1.[47]

Ontologisch betrachtet ist die westliche Physik, ja die gesamte westliche sogenannte „rationale" Naturwissenschaft, gegenüber der taoistischen Theorie der natürlichen Zahlen und der taoistischen Mengenlehre bzw. der taoistischen

---

[47] Dieses Ergebnis entspricht der in de Redmont a. a. O., S. 126 ff. dargestellten Untersuchung der Einstein`schen Physik. Gegenüber dem Entropie-Ergebnis von *(1.6.5B-12)* ist diese Untersuchung ein P_{B2}-Beweissatz.

Physik, wie noch gezeigt werden wird, ein ungeheurer Rückschritt. Als Grund für diesen Rückschritt ist wissenschaftsgeschichtlich vor allem die durch europäische Bildungsstätten des Mittelalters erfolgte Übernahme jener Arithmetik zu nennen, die im frühmittelalterlichen abbasidischen Bagdad im sogenannten *„Haus der Weisheit"* entstanden ist. Die Begründung des „Hauses der Weisheit" geht ursprünglich auf das Wirken des abbasidischen Kalifen *Harun ar Raschid*, (ˆum 763; † 809) zurück, der an seinem Hof das Gelehrtenwissen des damaligen mittelasiatischen Raumes sammelte, wobei sein Sohn *al-Maˋmun* der abbasidischen Hofkultur über die Förderung der *Muˋtazila* (einer islamischen Splitterbewegung) jene zwei Ingredienzen hinzufügte, die die Entfaltung des Nicht und Nichts als Scheinwissenschaft entscheidend begünstigten: Abstrakter Rationalismus und geistige Voreingenommenheit.

Die abbasidische Arithmetik hat das indische Dezimalzahlensystem ohne das Fundament der Naturphilosophien des hinteren Orients übernommen. Man kann dies vordergründig als frühen Befreiungsversuch von tradierten mythologischen Glaubens- und Lehrinhalten deuten. In diesem Sinne nahm sich beispielsweise die Muˋtazila das Recht, den Koran als „historisch" aufzufassen und seinen Inhalt zu kritisieren. Aber alle bisherigen rationalistischen Emanzipationsbemühungen - dazu zählt auch die europäische Aufklärung - sind an der OntoLogik des eleatischen *„Nichtsein"* bzw. *„Nicht-Ist"* und *„Ist-Nicht"* gescheitert, weil sie den zentralen Inhalt dieser OntoLogik: die Logischen Aussagen LA_1-LA_3, durch das anti-logische Tertium non datur auslöschten. Was ist das Motiv? Die Auslöschung der Auslöschung ist deren eigentliche Macht, sodass der „Rationalismus" aller Zeiten, mit seinen religiös-moralischen Lebensfragen stets abgewendeten Habitus, der Okkultismus der Auslöschung ist, die Philosophie der Weltverneinung als Mimesis, Mimikry und Nemesis des Seins. Wo der „Rationalismus" herrscht, breitet sich der Nihilismus als reales Weltgeschehen in Form der Logischen Aussage LA_1 flächendeckend aus. Die Natur wird vernichtet. Das Geld wird vernichtet. Die politische Wahrheit wird vernichtet. Die Machtgier wird erzeugt (Nemesis der Auslöschung). Die Geldgier wird erzeugt (Mimikry der Auslöschung). Die Konsumgier wird erzeugt (Mimesis der Auslöschung als Einverleibung des Seins). Und alles zusammen ergibt dann jene zyklischen Zivilisationskatastrophen, denen die heutige „rationalistische", „wertfreie", „sachliche", von „Wissenschaft" beratene gesellschaftliche Elite in

Politik und Wirtschaft in immer offener artikulierten Lügen in dreistester Ver-
antwortungslosigkeit zu entkommen meint.

Die Ausdrücke und Gleichungen *(1.6.5B-1)-(1.6.5B-13a-d)* werden im Folgenden als System P_{10} bezeichnet.

1.7 Die Null als Zyklizität

Zusammenfassung: In diesem Kapitel wird gezeigt, wie das Potential der Null
genutzt wird, um die Logische Aussage LA_1 auszugleichen. Die westliche Physik
behauptet, dass es sich beim Ersten und Zweiten Satz der Thermodynamik um
Naturgesetze handelt. Diese Behauptung ist die Fortsetzung der Scholastik rea-
listischer Provenienz mit anderen Mitteln. Die Hauptsätze der Thermodynamik
sind nie bewiesene wissenschaftliche Hypothesen und werden im Folgenden
widerlegt. Das *conservation principle* (die englischsprachige Bezeichnung für
den Ersten Hauptsatz der Thermodynamik bringt die Bedeutung dieses Satzes
direkt zum Ausdruck), das den Energieerhalt behauptet, ist eine Illusion. Was in
Wirklichkeit geschieht, ist die Auslöschung des Seins gemäß LA_1 und seine
permanente Erneuerung. Sofern es sich bei dieser Erneuerung um die Begriffe
der westlichen Physik handelt - Kraft, Masse, Zeit, Geschwindigkeit und Energie
- wird diese Erneuerung von der Identität Ω_I geleistet. Die Divisionen und Subtraktionen, die den Zusammenbruch des Seins zeigen, sind nichts anderes als
die im Taoismus als *K'ien* und *K'un* bekannten, für die Kosmologie sämtlicher
chinesischer Naturphilosophien grundlegenden, Hexagramme, die somit, auf
von der taoistischen Physik vollkommen unabhängige Weise, gewonnen werden. Aus diesem Grund ist dieses Kapitel gegenüber der taoistischen Theorie
der transphysikalischen RaumZeiten (Kapitel 1.10.3) der erste axiomatisch unabhängige P_{B2}-Beweissatz. Der zweite Beweissatz folgt dann mit Kapitel 1.10.1.

Ausgangspunkt ist *(1.5-17)* $[= - =]_A \, \Omega_I \, [= - =]_B$ und der Zusammenbruch der
Null durch

$$[=_1 [-_{\square 16} =]_\square]_A \, \Omega_I \, [[= -_{\square 17}]_\square =_2]_B, \qquad\qquad (1.7\text{-}1)$$

mit $[-_{\square 16} =]$ und $[= -_{\square 17}] = \textit{Nicht-Ist}$. Die Doppelbildung des Nicht-Ist (bei $[= -_{\square 14}]$ von rechts nach links gelesen) ist zwingend. Denn ein einseitiges „Nicht-Ist" kann nicht Quotient der verbleibenden Subtraktion sein. Der Erhalt der Operanden „$=_1$" und „$=_2$" folgt aus *(1.5-16)* $\Omega_I =_{a1} [=_{a**}][=_{a*}]$ die zeigt, dass „$=_1$" als notwendiger linker Operand von „$=_{a1}$" und „$=_2$" als notwendiger rechter Operand von $[=_{a*}]$ erhalten bleiben. Es folgt

$$[= logz_{\square 12}]_A \; \Omega_I \; [logz_{\square 13} =]_B, \hspace{4cm} \textbf{(1.7-2)}$$

Bei „$logz_{\square 12}$" und „$logz_{\square 13}$" handelt es sich um *Grenzquotienten* (siehe unten). An dieser Stelle zerfallen bereits die Nachfolger von „$-_{\square 16}$" und „$-_{\square 17}$" aus einem „*ist*" gemäß *(1.6.1-1)*, wobei die dabei entstehenden überzähligen Minuszeichen Bestandteile des jeweiligen Dividend der den Vorgängen $logz_{12}$ und $logz_{13}$ vorausgehenden Divisionen sind, sodass statt *(1.6.1-6)*

$$\text{\Large ≢} \hspace{9cm} \textbf{(1.7-3)}$$
$$\text{\Large ≣}$$

gilt. Die Quotienten aus den Divisionen ergeben sich mit

$$\text{\Large ⚏} \hspace{9cm} \textbf{(1.7-4)}$$

(1.7-3) und *(1.7.4)* stellen das *K`ìen* bzw. das *K`un* dar, das erste und zweite Hexagramm aus dem *I Ging* (Buch des Wandels). Das *K`ìen* bzw. das *K`un* begründen die taoistische Kosmologie und auf sie wird noch zu sprechen kommen sein.

Unter Berücksichtigung von *(1.5-6)* und *(1.5-16)* folgt

$$[= LA_{3e}]_A \; \Omega_I =_{an} [LA_{3e} =]_B \hspace{4cm} \textbf{(1.7-5)}$$

mit $n = 1, 2, 3, \ldots$

bzw.

$$[= - =_{az1}]_A \ \Omega_I =_{an}[=_{az2} - =]_B \qquad\qquad (1.7\text{-}6)$$

als Erneuerung der Null bzw. des Seins. Den Ausdrücken „$=_{az1}$" bzw. „$=_{az2}$" liegt $a_n - a_{n-1} = z_1$ bzw. $a_{n-1} - z_1 = z_2$ zugrunde.

Die eleatische Grenzwertfunktion *(1.6.4-9)* erlaubt generell eine Antwort auf die Frage, was mit den Zerstörungsoperatoren „$-_{\square n}$" geschieht. Es gilt

$$-_{\square n} =_{log1} log\tau_{\square} =_{log2} logx_{\square} =_{log3} logz_{\square} =_{log4} logw_{\square} \qquad\qquad (1.7\text{-}7)$$

Bei den logischen Gleichheiten „$=_{log1}$" bis „$=_{log4}$" handelt es sich um vier verschiedene Zuordnungen von Vorgängen. Denn den Operatorfunktionen „$-_{\square 16}$" und „$-_{\square 17}$" bzw. generell „$-_{\square n}$" werden vier Vorgänge, die die Operanden $log\tau_{\square}$, $logx_{\square}$, $logz_{\square}$, $logw_{\square}$ betreffen, zugeordnet (Deduktion als Vorgang der Zuordnung bzw. *Realdeduktion*). Somit gilt die Gleichung **Zuordnung = Deduktion** und folglich

$$=_{log1\text{-}4} \leftrightarrow \Omega_I, \qquad\qquad (1.7\text{-}8)$$

was

$$-_{\square n}\Omega_I \, log\tau_{\square} \qquad\qquad (1.7\text{-}9)$$

zur Folge hat. Die Identität Ω_I ist ein von der axiomatischen Ebene jedes arithmetischen Zeichens, aber auch von der Axiomatik der Logischen Aussagen unabhängiges Axiom, was als Faktum (des Seins) bedeutet, dass kein Operator der Arithmetik bzw. Meta-Arithmetik bzw. Logischer Aussagen Zugriff auf sie hat. Ihre Gemeinsamkeit mit dem Gleichheitszeichen ist eine rein mengentheoretische Tatsache, was bedeutet, dass sie aus einer Schnittmenge, die sie mit $n = 1, 2, 3, \ldots$ „="-Zeichenmengen teilt, jederzeit Elemente einer von allen anderen „="-Zeichenmengen abgesonderten Menge machen kann. Aus diesem Grund kann kein Zerstörungsoperator „$-_{\square n}$" eine Identität zerstören. „Seiendes" spricht die Göttin in Parmenides' *Über die Natur* - jenes Seins, das seine Tätigkeit als „*ist*" nicht verloren hat, also *(1.3-8)* - liegt „unveränderlich … in den Grenzen gewaltiger Bande"[48] und „ruht" als „Dasselbe (die Identität, d. Verf.) und in Demselben (die Identität in der Form ihrer Elemente, die sie als Menge kennzeichnet, d. Verf.) … für sich."[49] Das Seiende bleibt, so die Göttin, ganz „unversehrt".[50]

Der finale Akt von *(1.7-9)*, die Gleichheit des zertrümmerten Seins, „$log\tau_\square$" („*Ist-Nicht*") mit den Zerstörungsoperatoren „$-_{\square n}$" bedeutet in reflexiver Umkehrung, dass sich die Zerstörungsoperatoren selbst zertrümmern, also ihren eigenen Quotienten „$log\tau_\square$" gleich werden. Die ultima ratio der Zerstörung ist die Selbstzerstörung. Vor diesem Hintergrund nimmt sich die Thermodynamik, die sich nunmehr als Anti-Logik erweist, wie eine naive Märchenstunde aus. Wie bereits *(1.3-8)* zeigt, ist die Arithmetik nichts anderes als Ontologie und als solche der Ausgangspunkt für alle Naturphilosophie als Naturwissenschaft. Sie duldet keine als Wissenschaft camouflierte Anti-Logik.

$-_{\square n}\Omega_l\ log\tau_\square$ ist das **Nichts**. In der taoistischen Kosmologie bzw. der taoistischen Theorie transphysikalischer RaumZeiten von Kapitel 1.10.3 wird zwischen dem Nichts, dem *Wuji* und dem *Wuji er Taiji*, dem Wandel des zum Trägermedium des Null-Negativ gewordenen logischen Grenzwerts, $log\tau_\square$, genau unterschieden.

Da es sich bei *(1.2-3)* $_c[= 0]_c - {}_c[= 0]_c = {}_D[\ \ ]_D$, mit $_D[\ \ ]_D$ = Nicht-Ort um ein „Ist-Nicht", und damit um einen P_5-Tatbestand handelt, der zudem als *Vorgang* zum Tatbestand $LA_1 - LA_3$ zu zählen ist, gilt

$$-_{\square n}log\tau_\square \quad \rightarrow LA_3 \leftrightarrow {}_D[\ \ ]_D \qquad\qquad\qquad (1.7\text{-}10)$$

und *(1.2-1)* $(0) = {}_A[(0) = 0]_A$ lässt sich nunmehr als

$$(0)^* = {}_A[(0^*) = 0]_A - {}_\square LA_{3f} \qquad\qquad\qquad (1.7\text{-}11)$$

---

[48] Parmenides, Aletheia, 8.26
[49] Parmenides, Aletheia, 8.29. Vgl. Ferner 8.3-8.6.
[50] Parmenides, Aletheia, 8.48.

schreiben. Die Definition $LA_3 \leftrightarrow {}_D[\quad]_D$ ist ein P_{B2}-Beweissatz für die arithmetische Existenz von Nicht-Orten und damit die axiomatische Absicherung von Kapitel 1.2.

Die Ausdrücke und Gleichungen *(1.7-1)-(1.7-11)* werden im Folgenden als System P_{11} bezeichnet.

1.8 Das Null-Negativ und die mimetische Null

Zusammenfassung: In diesem Kapitel wird, in Übereinstimmung mit der eleatischen Physik[51], aber axiomatisch von ihr unabhängig[52], gezeigt, dass das Trägersystem der physischen RaumZeit das eleatische *„Ist-Nicht"* ist (*log*$\tau_\square$). Gleichzeitig wird gezeigt, dass die Schaffung logischer Aussagen in der Natur einen Scheideweg bedeuten: Jene Verneinung des Seins, die als „Nicht-Ist" beginnt und als „Ist-Nicht" endet, wird über die Bildung von Null-Negativen wieder ins Sein integriert. Zerstörungsoperatoren, die durch ein zweites Null-Positiv das Sein mimetisch kopieren wollen, zerstören sich am Ende selbst. In der Mythologie steht dafür das *Ouroboros*-Symbol, die sich selbst fressende Schlange, deren anti-logisches Wirken im degenerierten Taoismus in Kapitel 1.10.5 aufgezeigt wird.

Im Folgenden wird nachgewiesen, dass die Null im *„Ist-Nicht"* des Stadiums *(1.7-7)*, also im Grenzwert „τ∗" bzw. *log*$\tau_\square$ einen Formabdruck bzw. ein *Negativ* bildet und dass aus der Auslöschung dieses Abdrucks durch die Zerstörungsoperatoren „-$_\square$" das *Nichts* als mimetische Null (zweites, nachahmendes Null-Positiv) hervorgeht. Die Bildung des Negativ ergibt sich ohne weiteres auf der Basis eines Evidenzbeweises[53] wie folgt: Trifft ein Medium *A* auf ein Medium *B*, bilden sie entweder eine Einheit (Beispiel: Amalgamation von Metallen bzw. Metalllegierungen), zersplittern (Beispiel: angebliches Higgs-Boson aus dem

---

[51] de Redmont a. a. O., S. 89 ff.
[52] Die eleatische Physik ist gegenüber Kapitel 1.8 ein P_{B2}-Beweissatz.
[53] Ein *theoretischer* Beweis befindet sich in de Redmont a. a. O., 106 ff, Abschnitt über die „nicht-analytische Grenzwerte" und die sich diesem Abschnitt anschließenden weiteren physikalischen Theorien. Die eleatischen nicht-analytischen Grenzwerte sind gegenüber *(1.8-1)-(1.8-2)* ein P_{B2}-Beweissatz.

CERN Teilchenbeschleuniger als Quotient), oder bilden Negative (im Beispiel mit dem zersägten Ast in Kapitel 1.6.2: Die Ast-Teile bilden Negative bzw. Formabdrücke im Boden). Einheit setzt die Gleichheit aller Elemente eines Mediums mit einem anderen Medium voraus (mechanische, elektrische, chemische, molekulare etc. Gleichheit), Zersplitterung entgegen gerichtete Kräfte, die Bildung von Negativen *Wirkung* eines Mediums auf ein anderes (je nach Beschaffenheit der Medien). Beim Null-Zyklus von *(1.7-6)* fällt die Einheitsbildung aus, weil LA_1 mit Ω_l bzw. „$=_{az1,2}$"-Operanden nicht gleich sind. Zersplitterung fällt aus, weil die Null nicht mit den „$-_\square$" Operatoren identisch ist, es bleibt das Negativ. Es gilt

$$[= - (=_{az1})]_A \; \Omega_l =_{an} [(=_{az2}) - =]_B \qquad\qquad (1.8\text{-}1)$$

und

$$- \leftrightarrow (\;), \qquad\qquad (1.8\text{-}2)$$

mit ( ) = Negativ. Aus *(1.8-1)-(1.8-2)* geht hervor, dass die Bewegungsoperatoren „-" und das Negativ gleich sind. Ein Negativ bzw. ein Abdruck ist in Form umgewandelte Bewegung.

Die Formnegative werden im Akt *(1.7-2)* mit zerstört. Um zu verstehen, was ein *zweites* Positiv ist (im Formenbau ist es bestens als *B*-Form bekannt), wenden wir uns wieder dem Astbeispiel zu. Das Ast-Negativ macht den Boden gegenüber dem Ast-Positiv zum Trägersystem seiner Form. Denkt man sich dieses Negativ mit Erde aufgefüllt, entsteht ein zweites Positiv. Weil die Auslöschung des Ast-Negativs durch Witterungseinflüsse mit anschließender Auflassung durch eine das Negativ ersetzende Erdmenge mit der oben beschriebenen Befüllung gemessen an der Menge Erde gleich ist, ist Auffüllung und Auflassung durch Auslöschung *quantitativ* (nach gewissen Maßen) gleich.

Durch die Definition als zweites Positiv (mimetische Null) ist der Grenzwert „τ_*" bzw. $\log \tau_\square$ nicht nur eine logische Größe, sondern auch eine *arithmetische Rechengröße*. Dieses mimetische Null-Positiv wird im Folgenden auch als das Vorstadium zum **Nichts** bezeichnet und erhält den Ausdruck

$$log\tau_\square \longleftrightarrow 0_\square \hspace{4cm} (1.8\text{-}3)$$

mit $0_\square$ = mimetische Null. Ihre Bedeutung ergibt sich aus der Nachahmung des Seins, motiviert durch dessen Verneinung (Mimikry und Nemesis der Verneinung des Seins gegenüber dem Sein).

Die Ausdrücke und Gleichungen *(1.8-1)-(1.8-3)* werden im Folgenden als System P_{12} bezeichnet.

1.9 Yin und Yang oder die Physik der Null

Zusammenfassung: Erst durch Laozi`s *daodejing* ist es möglich, eine nach Kräften und Substanz definierte Physik und Kosmologie der Null zu entwickeln. Grundlage für beides ist das 42. Kapitel des *daodejing*. Insofern kommt den Kapiteln 1.2 - 1.8 lediglich eine propedeutische Bedeutung zu, wobei P_1-P_{12} als methodische Hilfsmittel *unterhalb* der sich in Buchstaben (Worten) äußernden Logos-Mathematik (siehe dazu Kapitel 1.10.3 - die sieben Elementsätze zur Null - und 1.10.5) unverzichtbar sind.

Die Systeme P_1-P_{12} sind nur dann Glieder einer Wissenschaft des Seins, wenn sie aus dem Yin- und Yang-Prinzip heraus verstanden werden. Denn diese stellen eine Meta-Mengentheorie noch höheren Grades - des gegenüber *(1.5-16) dritten* Grades - als Physik der Null dar, ohne die alle bisherigen Aussagen zu ihr an zentralster Stelle unvollständig blieben. Denn der Ursprung all dessen, was sie als Form und Bewegung ist, wurde bisher vorausgesetzt und damit nicht erklärt.

Was das 42. Kapitel des *daodejing* betrifft, stützen wir uns auf die Übersetzung Lutz Geldsetzers (*1937), dessen konsequent hermeneutischer Ansatz exakt dem entspricht, was aus Sicht einer naturwissenschaftlichen Interpretation des 42. Kapitels des *daodejing* erforderlich ist: Stringente Klarheit. Für den Umgang mit dem *daodejing* ist jeder okkult-narkotisierte Interpretationsansatz fehl am Platz: „Die Erfahrung, die bei der Übersetzung gemacht wurde, deutet auf einen scharfsinnigen Denker hin."[54] Geldsetzer fügt hinzu, dass es sich beim *daodejing* um keine Ansammlung von zusammengestückelten Volksweisheiten handelt, sondern um ein in sich schlüssiges Einzelwerk, das deshalb seiner Auffassung nach nur aus der Feder eines einzigen Denkers stammen könne. Aus diesem Grund behielt er den Autorennamen Laozi bei.[55] Dem haben wir uns angeschlossen.

Das 42. Kapitel des *daodejing* beginnt mit dem Satz: „Dao bringt Einheitlichkeit hervor. Die Einheitlichkeit bringt Doppelheit hervor. Doppelheit bringt Dreifaches hervor. Dreifaches bringt die unzähligen Dinge hervor."[56] Grundsätzlich handelt es sich hier um die Zahlentheorie der Neuen Arithmetik (siehe *(1.5-18)*) und die aus der eleatischen Grenzwerttheorie gewonnene Zahlentheorie *(1.6.4-7)*, die beide wechselweise als P_{B2}-Beweissatz für die Entstehung der Zahlen aus der Null anzusehen sind. Das taoistische *dritte* System, das die Entstehung der natürlichen Zahlen aus der Null nachweist (super Gödel-Konsistenz), ist ein arithmetischer Dreisatz, der aus der Identität von „Einheitlichkeit" (Null als Kräftespektrum von Yin und Yang, siehe unten) und „Einheit" (die Zahl 1) als Verwirklichung (Konkretisierung) der Einheitlichkeit (als Prinzip = Meta-Arithmetik) hervorgeht. Ausgangspunkt ist die Subtraktion *1 - 1* auf der Basis $x = z + w$:

$$\text{(i) } 01 - 1 = 0 = 0; \text{ (ii) } 1 = 1 = 2{\times}0 \qquad\qquad \textbf{(1.9-1a)}$$

und

$$\text{(i) } z_1 1 - 1 = z_1 = z_2; \text{ (ii) } 1 = 1 = 2 \qquad\qquad \textbf{(1.9-1b)}$$

und

$$\text{(i) } 1 = 1 = 2; \text{ (ii) } 0 = 1 = 3 \qquad\qquad \textbf{(1.9-1c)}$$

---

[54] Geldsetzer, in: *www.phil-fak.uni-duesseldorf.de/philo/LaoZiDao.html*.

[55] Ob der Autor „ ...Lao Zi hieß oder so genannt wurde, dürfte gleichgültig sein. Jedenfalls erscheint das Ganze des Dao De Jing in solchem Maß aus einem Guss, dass dies gegen die heute übliche Meinung spricht, es handele sich um ein Konglomerat disparater Gedankenfetzen ...." Ebenda.

[56] Ebenda.

Aus *(1.8-1a)* folgt, dass das *Dao* die Null ist. Aber nicht im Sinne von P_1-P_{11}, sondern im Sinne seiner Wirksamkeit als Yin und Yang, die nunmehr betrachtet werden soll.

Der für die Bedeutung des 42. Kapitels des *daodejing* im Zusammenhang mit den bisherigen Systemen P_1-P_{11} und zum Verständnis der taoistischen Theorie natürlicher Zahlen, *(1.8-1a)* -*(1.8-1c)*, entscheidende Satz ist der dem ersten, oben zitierten, folgende: „Alle Dinge stützen sich auf Yin und bergen Yang."[57] Eine Stütze erfordert Festigkeit. Das Bergende ist dagegen das einen Inhalt Begrenzende und weist damit indirekt auf die zur Festigkeit gegensätzliche Kraft hin. Das Feste ist im Taoismus ein Synonym für die Kontraktion. Das zu bergende ist die Expansion. Die taoistische Physik beruht deshalb auf Kontraktion (Yin) und Expansion (Yang). Auch in der Traditionellen Chinesischen Medizin (TCM) werden Kontraktion und Expansion Yin und Yang zugeordnet.[58] Kontraktion und Expansion sind die *Physik der Null bzw. die Kreiskräfte*. Die Kreiskräfte Kontraktion und Expansion werden Im Folgenden beispielhaft anhand der zu einer Grenzwertfunktion gemäß *(1.6.4-9)* umgewandelten Gleichung *(1.5-17)* $[= - =]_A \, \Omega_I \, [= - =]_B$ dargestellt. Es gilt

$$[\tau_a - \tau_b]_A \, \Omega_I \, [\tau_b - \tau_a]_B \qquad\qquad (1.9\text{-}2)$$

mit τ_a = Kontraktion und τ_b = Expansion. Unter der Ägide der Identität Ω_I (taoistisch: des *Dao*) handelt es sich bei *(1.9-2)* um eine Wechselwirkung, die die kontinuierliche Umwandlung kontraktiver in expansive Kräfte et vice versa zeigt: „The Supreme Polarity that is non-polar."[59] Die Wechselwirkung der gegensätzlichen Naturkräfte Expansion und Kontraktion in Form der Null als Physik zeigt beispielhaft das in der taoistischen Naturphilosophie grundlegende Prinzip der „Vereinigung von Gegensätzen"[60] bzw. das Prinzip der „Einheitlichkeit", aus der die „vielen Dinge" (natürliche Zahlen als Ausdruck des Seins aus der Null) hervorgehen.

---

[57] Ebenda.
[58] Maciocia (1997) S. 5.
[59] Adler (2000) (20).
[60] Vgl. Wilhelm, R. a. a. O.

Aus *(1.9-1a)* und *(1.9-1b)* folgt *(1.9-3)* $0 = 2$ und gemäß *(1.8-2)* folgen weiter die Subtraktionen *(1.9-4a)* $2 (0) = z_1$ und *(1.9-4b)* $(2) 0 = z_1$, aus denen *(1.9-4c)* $2 (0) = (2) 0$ mit folgender Aussage der taoistischen Zahlentheorie resultiert: „Die Wirkung der zweifachen Null ist, dass die Zwei sich in ihr als Negativ bildet, wodurch sie, weil die zwei aus der 1 und diese aus der Null hervorgeht, gleich sind." Die Gleichungen *(1.9-3)-(1.9-4a-c)* sind gegenüber P_{11} ein P_{B2}-Beweissatz.

Die Gleichungen *(1.9-1)-(1.9-4a-c)* werden im Folgenden als System P_{13} bezeichnet.

1.10 Die taoistischen Multi-RaumZeiten

1.10.1 Zur Neubegründung der Geometrie: Die Null als Dreikreis und Kugel

Zusammenfassung: Im Folgenden wird gezeigt, dass Arithmetik und Mengenlehre nur dann in ihrem Verhältnis zueinander nicht anti-logisch sind, wenn nachweisbar ist, dass sich die Null aus der Quadratur des Kreises ableitet. Dies gelingt aufgrund der in P_4 nachgewiesenen Vermehrungsmöglichkeit des *„Ist"*, die von der im Zusammenhang mit dem pythagoreischen Hauptsatz verwendeten taoistischen Subtraktionsform $x + w - w = z_1 = z_2$ als P_{B2}-Beweissatz bestätigt wird. Auf der genannten Basis enthält der pythagoreische Hauptsatz ein rechtwinkliges Doppeldreieck, aus dem sich die Null als Dreikreis und Kugel notwendig ableitet. Dieser Nachweis widerlegt die euklidische Geometrie in wesentlichen Punkten und führt zur Formulierung von drei neuen Sätzen zur Geometrie. Da die taoistische Theorie transphysikalischer RaumZeiten (Kapitel 1.10.3) durch ihre Elementfunktionen die Null als Dreikreis enthält, stellt das nachstehende System P_{14} ihr gegenüber, was ihre mathematischen und geometrischen Grundlagen betrifft, einen zweiten P_{B2}-Beweissatz dar (der erste ist in P_{11} enthalten). Der Weg zum Dreikreis enthält außerdem einen metamengentheoretischen Existenznachweis des arithmetischen Rechenoperators „Plus" bzw. „+". Das Kapitel schließt mit drei Widerlegungen. Widerlegt wird, erstens, dass ein Kreis der Menge aller *analytischen* Punkte auf einer Ebene entspricht, deren Abstand von einem vorgegebenen Punkt dieser Ebene konstant ist, zweitens, dass es eine Koordinatengleichung des Einheitskreises gibt und, drittens, dass der Kreis aus trigonometrischen Funktionen konstruiert werden kann.

1.10.1.1 Die Umwandlung des Quadrats in das pythagoreische Doppeldreieck

Vorbereitend auf die Darstellung der Kosmologie des Tao wird in Kapitel 1.10.1 eine neue, auf pythagoreischen Größen aufgebaute Geometrie vorgestellt, in deren Zentrum der Dreikreis steht.

Ausgangspunkt ist die aus P_1 bekannte mengentheoretische Gleichung *(1.2-2) (0) = (0) $=_a$ (0) = (0)* und die ihr zugrunde liegende *(1.2-1) (0) = $_A$[(0) = 0]$_A$,* welcher gegenüber der mengentheoretischen Lösung ein Glied fehlt, nämlich $_c$[= (0)]$_c$. Dies hat dann in P_{11} zur Feststellung *(1.7-11) (0) = $_A$[(0) = 0]$_A$ LA$_{3f}$* geführt. Diese Lösung ist mit der mengentheoretischen nicht mehr vereinbar, da $_c$[= (0)]$_c$ und LA_{3f} nicht gleich sind, sondern für $_c$[= (0)]$_c$ vielmehr $_c$[= (0)]$_c$ → LA_2 gilt. Die geklammerten Nullen bedeuten hier *keine* Null-Negative, sondern zeigen, der arithmetischen Nomenklatur an dieser Stelle folgend, die Null als Summenfunktion an, siehe Kapitel 1.2.

Diese Ungleichheit wird dann zu einer Gleichheit, wenn die Nicht-Orte alternativ als *Inhalt eines Quadrats*

$$_c[= (0)]_c = [=_{c1} =_{c2}] \rightarrow \square \qquad (1.10.1.1\text{-}1)$$

definiert werden. Gegenüber *(1.3-6)*, der dreifachen Radialdrehung des „*Ist*" bzw. der Null, verbirgt sich hinter *(1.10.1.1-1)* eine Weiterentwicklung der Operatortätigkeit von „$=_a$"-Zeichen, da nun nicht mehr nur die Zeichen selbst, sondern auch ihre Glieder zu radialen Bewegungen in Schritten von 90° befähigt sind. Der Inhalt eines Quadrats ist als „blanke Fläche" gemäß der eleatischen Meta-Logik bzw. Meta-Arithmetik von P_5 eine *negative* Logische Aussage -$_{\llcorner}LA_3$, die funktional LA_2 als Logische bzw. *Gelöschte Aussage* nach sich zieht, woraus sich ergibt, dass die Aussage „blanke Fläche" nichts anderes als eine Referenz zu einem vormaligen Sein ist, also LA_2.

Das nunmehr auch mengentheoretisch zu verstehende Quadrat von (1.10.1.1-1) enthält des weiteren drei zusätzliche und gänzlich neue Operatorfunktionen, die sich im Einzelnen wie folgt ergeben: Gemäß (1.5-18) werden sieben weitere „$=_a$"-Zeichen zur Verfügung gestellt, wovon sich eines in die Operatoren „$-_1$" und „$-_2$" auflöst. Aus zwei der neu geschaffenen „$=_a$"-Zeichen und den Operatoren „$-_1$" und „$-_2$" entstehen die Subtraktionen

$$=_{a1}-_1+_1 \qquad\qquad (1.10.1.1\text{-}2a)$$

bzw.

$$=_{a2}-_1+_2, \qquad\qquad (1.10.1.1\text{-}2b)$$

also die Umwandlung von „$=_{a3}$" bzw. „$=_{a4}$" in die Pluszeichen „$+_1$" bzw. „$+_2$". Diese Umwandlung zeigt eine Fortentwicklung der bisherigen Transportoperatoren „$-$". Denn nunmehr transportieren sie nicht nur Subtrahenden, sondern wandeln diese in andere arithmetische Zeichen um. Das Ergebnis dieser Umwandlung ist die Schaffung einer neuen Operatorklasse als meta-arithmetische bzw. meta-mengentheoretische Funktionen:

$$=_{a1}-_1+_1=_{a4}+f(\square_{11})^* \qquad\qquad (1.10.1.1\text{-}3a)$$

bzw.

$$=_{a2}-_1+_2,=_{a5}+f(\square_{12})^*, \qquad\qquad (1.10.1.1\text{-}3b)$$

wobei es sich bei $\square_1$ = Kohäsion, um jene operative Zusammenfügung von Operanden (hier: „$=_{c1}$" und „$=_{c2}$") handelt, die zur nahtlosen Angliederung von Operanden führt. Die Klammerung beim Funktionszeichen, „$(\ )^*$", hat, zur Unterscheidung vom Negativ, einen Stern als Index. Durch die Funktionen $+ f(\square_1)^*$ und $+ f(\square_2)^*$ werden die sich um 90° nach unten bzw. nach oben drehenden Glieder der Zeichen „$=_{a1}$" und „$=_{a1}$" (aus „$=_{c1}$" und „$=_{c1}$" gewandelt) zu Winkeln von 90° zusammengefügt. Das Zusammenschieben dieser Winkel zum Quadrat erfolgt auf der Basis der dritten Subtraktion

$$=_{a6} -_1 +_2, =_{a7} + f(\square_{13})^{*}$$ *(1.10.1.1-3c)*

Da die Funktionswerte $\square_{11}$ bis $\square_{13}$ die Angliederung bzw. Zusammenfügung *sind*, fehlt beim Quadrat die entsprechende Zeichensetzung, die natürlich ohne Weiteres angefügt werden kann.

Als Quadrat sind die ehemaligen meta arithmetischen bzw. meta mengentheoretischen Ist-Zeichen [$=_{c1} =_{c2}$] zu einer geometrischen Figur metamorphosiert (so wie David Hilbert den Zusammenhang zwischen Arithmetik und Geometrie vermutete), wodurch sie grundsätzlich mit den Gliedern des pythagoreischen Hauptsatzes kompatibel werden. Denn aus der Gleichheit zwischen Meta-Arithmetik bzw. Meta-Mengentheorie und Geometrie - man könnte auch sagen: der Geometrie als Meta-Arithmetik und Meta-Mengentheorie und der Mathematik der pythagoreischen Größen - ergibt sich $\Omega \rightarrow a^2 + b^2 = c^2$. Dies geschieht auf folgendem Weg:

Der Ausdruck [$=_{c1} =_{c2}$] wird gemäß *(1.3-8)* reduziert und anschließend zu [$=_{c3} =_b$] ausgefaltet, woraus die Subtraktion *(1.10.1.1-4)* $=_{c3} -_a -_b$ entsteht. Durch Vermehrung gemäß *(1.5-17)* entsteht weiter *(1.10.1.1-5)* $=_{c3} =_{c4} =_{a8} -_a -_b$, die eine nachstehende, durch *A* indizierte (siehe unten), LA_1-Ungleichung *(1.10.1.1-6)* $=_{c3} =_{c4} [=_{a8} -_a]_A -_b$ ermöglicht, welche bei Spiegelumkehrung *(1.10.1.1-7)* $=_{c3} =_{c4} [-_a =_{a8}]_A -_b$ allerdings zu einer weiteren, durch nachstehend mit *B* indizierten Ungleichheit *(1.10.1.1-8)* [$=_{c3} =_{c4} [-_a]_B =_{a8}] -_b$ führt, weswegen in *(1.10.1.1-7)* unu actu die Umwandlung von „$=_{a8}$" in ein Plus stattfindet, die vom Operator in seiner nunmehrigen Doppelfunktion als Transport- und *Umwandlungsoperator* durchgeführt wird. Es gilt zunächst *(1.10.1.1-9)* $=_{c3} =_{a8}$ [$-_a +_4]_A -_b$.

Per Evidenz halten wir fest, dass es sehr unterschiedliche Formen von Summation gibt. Summation kann Fusion bzw. Amalgamation bedeuten, aber auch die Abstandshaltung zweier gleich geladener Teilchen, die deshalb nicht weniger als Summe (nämlich als Summe gleich geladener Teilchen) notifiziert werden.

Der Funktionswert $\square_1$ = Kohäsion ist deshalb Quotient einer übergeordneten weiteren Funktion, einer meta arithmetischen bzw. meta mengentheoretischen Funktion dritten Grades:

$$\Pi_0 - \square_2 = \square_1, \qquad\qquad\qquad \textbf{(1.10.1.1-10)}$$

wobei $\square_1$ = Kohäsion und $\square_2$ = Adhäsion. Bei $[-_a +_4]_A -_b$ handelt es sich um die Adhäsion

$$+ f(\square_2)^*, \qquad\qquad\qquad \textbf{(1.10.1.1-11)}$$

weil die Situation $-_a -_b$ sonst zur Entwicklung *(1.6.2-4)*, der anti-logischen Subtraktion von P_6, führt. Bei Adhäsion ist deshalb das Pluszeichen immer anzugeben. Gleichung *(1.10.1.1-10)* zeigt die taoistische Kräfteumwandlung *(1.9-2)* vereinfacht als diskreten Vorgang. Tatsächlich aber existiert die Yin- und Yang-Umwandlung in der Natur nicht allein diskret, sondern vielfältig stetig, weswegen die auch für die Elektrostatik wichtige Wechselwirkung

$$[[\Pi_0 - \square_2]]_A \, \Omega_I \, [[\Pi_0 - \square_1]]_B \qquad\qquad \textbf{(1.10.1.1-12)}$$

gilt. Das *Ist „$=_{c3}$"* kann nunmehr, wie *(1.10.1.1-1)-(1.10.1.1-3a-c)* gezeigt haben, mithilfe der Kohäsion neue geometrische Formen bilden und dies gilt auch für eine durch die Glieder von „$=_{c3}$" wahlweise durchzuführende Drehung um 180° mit anschließender Kohäsion zu einer Geraden, die aufgrund von Zeichengleichheit mit $[-_a +_4]_A -_b$ und dem gemeinsamen Axiom Π_0 gleich sind, sodass

Hypothenuse $- \rightarrow c^2$

Ankathete $-_a \rightarrow a^2$

Gegenkathehe $-_a \rightarrow b^2$

gilt. *Umgekehrt* gilt nun aber auch, dass alle Größen des pythagoreischen Hauptsatzes in arithmetische Größen umwandelbar sind. Deshalb gilt

$c^2 = =_c$ $(1.10.1.1-13)$

und

$c^2 = c^2$ $(1.10.1.1-14)$

Aus *(1.10.1.1-14)* folgt die Subtraktion *(1.10.1.1-15)* $c^2 - c^2$. Unter Anwendung der taoistischen Subtraktionsform *(1.9-1a)-(1.9-1c)* gilt *(1.10.1.1-16)* $z + c^2 - c^2 = 0 = z$, woraus *(1.10.1.1-17)* $0 + c^2 - c^2 = 0 = 0$ bzw. *(10.1.1-18)* $c^2 = 0$ folgt. Es gilt außerdem *(1.10.1.1-19)* $c^2 = c^2 = c^2$ bzw.

$2c^2 = c^2 = c^2$ $(1.10.1.1-20)$

Gleichung *(1.10.1.1-20)* zeigt, dass $2c^2$ aus der *Spiegelung* einer Länge c^2 hervorgegangen ist, was durch die Verkürzung

$2c^2 = c^2$ $(1.10.1.1-21)$

erwiesen ist. Gleichung *(1.10.1.1-21)* wird im Folgenden das **taoistische Gesetz der Spiegelung** genannt.

Es gilt *(1.10.1.1-22a)* $[a^2 + b^2] + [a^2 + b^2] = [a^2 + b^2] + [a^2 + b^2]$ bzw. *(10.1.1-22b)* $2c^{2*} = [a^2 + b^2] + [a^{2*} + b^{2*}]$. Gleichung *(1.10.1.1-22b)* besagt, dass jedes rechtwinklige Dreieck jederzeit zu einem rechtwinkligen Doppeldreieck ausgefaltet werden kann, wobei das ausgefaltete zweite Dreieck zum ersten eine symmetrische Position einnimmt, da es sich bei *(1.10.1.1-21)* um eine Äquivalenzbeziehung handelt, die als solche als symmetrisch definiert ist. Die symmetrische Spiegelung zeigt das zweite Dreieck in einem Winkel von 180° zum ersten:

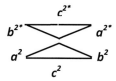

Diagramm 1: Der pythagoreische Hauptsatz als rechtwinkliges Doppeldreieck

Durch das in *(1.10.1.1-22a/b)* bewiesene arithmetische und geometrische *Axiom von der Spiegelung identischer Größen* ist das Gesetz der euklidischen Geometrie, wonach die Winkelsumme eines rechtwinkligen Dreiecks 180° beträgt, aufgehoben und wird durch folgenden Satz ersetzt:

Satz I: Jedes rechtwinklige Dreieck enthält in sich die Winkelsumme von 360°.

1.10.1.2 Der Dreikreis aus dem pythagoreischen Doppeldreieck

An *(1.10.1.1-22b)* anknüpfend, wird *(1.10.1.2-1)* $2c^2 = [[c^2 - b^2]_A = [c^2 - a^2]_B]_I = [[c^{2*} - b^{2*}]_C = [c^{2*} - a^{2*}]_D]_{II}$ gebildet. Bei den Subtraktionen A - D handelt es sich um eine Doppelwechselwirkung und es gilt

$$A = z_1 = B = z_2 = A = C = z_3 = D = z_4 = C \qquad \qquad (1.10.1.2-2)$$

Die Gleichheit $z_2 = z_4 = b^{2*}$ bedeutet, dass die Strecke b^2 zu b^{2*} als Quotient der Subtraktion A geworden ist. Die Gleichheit $z_1 = z_3 = a^{2*}$ bedeutet, dass die Strecke a^2 zu a^{2*} als Quotient der Subtraktion B geworden ist. Dies geht in unten stehendem *Diagramm 2* aus *Figur 1* hervor. Wird *(10.1.2-1)* als Doppelgleichungssystem *I* und *II* aufgefasst und von rechts (*r*) nach links (*l*) gelesen, ergibt sich eine Wechselwirkung dadurch, dass die Ausgangspositionen b^2 und a^2 wieder eingenommen werden. Dies geht aus den in *Figur 2* von *Diagramm 2* (siehe unten) dargestellten Überkreuzstrecken mit den richtungsmäßig entgegen gerichteten Pfeilspitzen hervor. Die kontinuierliche Wechselwirkung wird mit

$$k_1 = f(z_{2l};z_{2r};z_{4l};z_{4r};z_{1l};z_{1r};z_{3l};z_{3r}) = n \, [[z_{2l,r} = z_{4l,r}] = [z_{1l,r} = z_{3l,r}]] \qquad (1.10.1.2-3)$$

angegeben, wobei k_1 = erster Kreis der Neuen Geometrie. Bei z_{1-4l} bzw. z_{1-4r} handelt es sich um von links nach rechts (*l*) bzw. rechts nach links (*r*) sich bewegende Vektoren, wobei $z_{1-4\,l,r} = z_{1-4l} + z_{1-4r}$ gilt, mit n = 1, 2, 3, ... Anzahl dualer Vektorbewegungen $z_{1-4\,l,r}$. $2c^2$ lässt sich auch als $2c^2 = c^2 + c^2$ schreiben und folglich ist c^2 durch $2c^2 - c^2 = c^2$ definiert. Es gilt

$2c^2 - c_b{}^2 = c_a{}^2 = z_1 = z_2 = z_3 = z_4,$ (1.10.1.2-4)

oder anders ausgedrückt, die Subtraktion $2c^2 - c_b{}^2$ hat insgesamt 5 Quotienten. Wird beispielsweise bei $z_2 = [c^2 - b^2]_A$ die Subtraktion $[c^2 - b^2]_A = c_a{}^2$ aufgestellt, ergibt sich bei Definition des Minuenden als Summe aus Quotient und Subtrahend die alternative (taoistische) Schreibweise *(1.10.1.2-5a)* $[c^2 + b^2] - b^2 = 0 = c_a{}^2$ beziehungsweise *(1.10.1.2-5b)* $[c_a{}^2 + b^2] = [b^2 = c_a{}^2]$, und wegen + = = (Gleichheitsgebot von linker und rechter Gleichungsseite durch meta arithmetische Umwandlung eines Pluszeichens in ein Gleichheitszeichen auf der Basis von *(1.10.1.1-2)*), folgt *(1.10.1.2-5c)* $[c_a{}^2 = b^2] = [b^2 = c_a{}^2]$. Bei gleichem Verfahren mit den anderen Quotienten ergibt sich

$c_a{}^2 = b^2 = a^2 = b^{2*} = a^{2*}.$ (1.10.1.2-6)

Die Kreuzung $b^2 = a^2 = b^{2*} = a^{2*}$ ist ein Punkt und damit ein Kreis (siehe *Figur 2* und *5* in *Diagramm 2*) und mit $c_a{}^2$ nur dann gleich, wenn sich $c_a{}^2$ zu $c_a \times c_a$ auflöst und je ein Glied c_a zu einem Vektor mutiert, der eine Kreisbewegung vollzieht (siehe *Figur 3* und *4* in *Diagramm 2*). Weil sich dies aufgrund von

$2c^2 - c_a{}^2 = c_b{}^2 = z_1 = z_2 = z_3 = z_4,$ (1.10.1.2-7)

zweifach vollzieht, ist die konsistente Kreisfunktion ein *Dreikreis* aus den Vektoren von Gleichung *(10.1.2-3)* und den Vektoren

$k_{2,3} = \mathfrak{f}(c_{ar}; c_{al}, c_{br}; c_{bl}) = n[c_{ar} \times c_{al} = c_{br} \times c_{bl}]$ (1.10.1.2-8)

sodass der Dreikreis insgesamt mit
$k = [k_1 = k_2 = k_3]$ (1.10.1.2-9)

anzugeben ist (siehe *Fig. 5* in *Diagramm 2*). k_2 und k_3 sind gegenläufig.

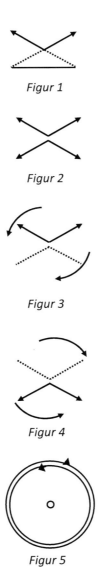

Figur 1

Figur 2

Figur 3

Figur 4

Figur 5

Diagramm 2: Die Bildung des Dreikreises aus dem vollständigen pythagorei-schen Hauptsatz

Satz II: *Jedes pythagoreische Doppeldreieck enthält einen Dreikreis in sich.*

1.10.1.3 Die Kugel aus dem pythagoreischen Dreikreis

Da c^2 mit Ω_I gleich ist, folgt nun die meta-arithmetische Entwicklung der Kugel auf der Basis der in Kapitel 1.10.1.2 entwickelten Geometrie mithilfe der Nomenklatur des Systems P_5. Ausgangspunkt ist *(1.10.1.1-3)* $c^2 = c^2$ bzw. *(1.10.1.1-4)* $c^2 - c^2$, wodurch sich auf der Basis von *(1.3-9)* sowie des auf der Minuendendefinition $x = z + w$ beruhenden taoistischen Subtraktionstypus Gleichung *(1.10.1.3-1)* $z + [=_c - =_c] =_a z =_a z$ ergibt. Da $z = =_c$ ist, folgt nach Umstellung und Zugrundelegung von *Satz I*

$$[[=_{11} - =_{12}]_A \; \Omega_I \; [=_{21} - =_{22}]_{B \cdot}] =_{a5} [[=_{31} - =_{32}]_C \; \Omega_I \; [=_{41} - =_{42}]_D] \qquad (1.10.1.3\text{-}2)$$

Die Gleichheit der Subtraktionen A und B bzw. C und D die die Subtraktion B zum Quotienten der Subtraktion A bzw. die Subtraktion D zum Quotienten der Subtraktion C, et vice versa macht, ist eine Wechselwirkung, die die Form

$$A = z_1 = B = z_2 = A \qquad\qquad (1.10.1.3\text{-}3a)$$

bzw.

$$C = z_3 = D = z_4 = C \qquad\qquad (1.10.1.3\text{-}3b)$$

hat, wobei jedes Gleichheitszeichen, $[=_{11}; =_{12}]$ und $[=_{21}; =_{22}]$ bzw. $[=_{31}; =_{c32}]$ und $[=_{41}; =_{42}]$ abwechselnd und für A und B bzw. C und D jeweils gleich, sowohl Minuend als auch Subtrahend ist. Das Gleichheitszeichen zwischen den Außenklammern von *(1.10.1.3-2)*, der Operator „$=_{a5}$", bewirkt, dass sich die Operandenbewegungen von $[=_{11}; =_{12}]$ und $[=_{21}; =_{22}]$ bzw. $[=_{31}; =_{c32}]$ und $[=_{41}; =_{42}]$ kreuzen. Gilt *(1.3-18)*, ist „$=_{a5}$" ebenfalls Ω_I und es gilt *(1.10.1.3-4)* $0_3 = \Omega_I \, \Omega_I \, \Omega_I$ bzw.

$$0_3 = \Omega_I \qquad\qquad (1.10.1.3\text{-}5)$$

Die Kugel ist dann nichts weiter als die Summe zusätzlicher Variablen, die aus der Operatorfunktion $=_{a5} =_{a1} \Omega_I$ gewonnen werden und hat die Form

$$O_{3+n} = \Omega_I \, n\Omega_I \quad , \qquad\qquad (1.10.1.3\text{-}6)$$

mit $n = 1, 2, 3, \ldots$

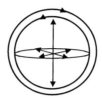

Diagramm 3: Die Null als Kugel mit n = 1

Satz III: Jeder pythagoreische Dreikreis enthält die Kugel in sich.

Nun wenden wir uns abschließend bestimmten, in der heutigen Mathematik gebräuchlichen, Kreisdefinitionen zu. Die arithmetische bzw. mengentheoretische Definition des Kreises geht auf Platon zurück (siehe System P_1). Die platonische Definition des Kreises, modern gefasst, lautet: Der Kreis ist die Menge aller Punkte auf einer Ebene, deren Abstand von einem vorgegebenen Punkt dieser Ebene konstant ist.

Soweit diese Definition *analytisch* gilt, ergibt sich Folgendes: Der Punkt n_0 der Eulerschen Zahl als Funktion

$$F(n) = e = \lim_{n \to \infty} \frac{n}{\sqrt[n]{n!}}$$

sei zugleich der Punkt eines Kreises k und zusätzlich jener Punkt, den die Sekante $y = f(x) = x$ der Funktion $F(n)$ mit der Tangente T von $F(n)$ gemeinsam hat, sodass der Näherungswert $f(n_0 + h) - f(n_0)/h$ gelten soll. Der Punkt n_0 soll durch den Näherungswert bzw. den Differentialquotienten, der im Nenner die

Grenzwertfunktion $h = x - x_0$ mit $h \to 0$ enthält, bestimmt sein, was deren Gültigkeit als mathematische Theorie voraussetzt. Da die Grenzwertfunktion der Analysis durch die eleatische Grenzwertfunktion widerlegt wurde (siehe P_8 bzw.*(1.6.4-1) - (1.6.4-9))*[61], ist sie eine anti-logische und damit ungültige mathematische Theorie. Wie die eleatische Mathematik an anderer Stelle zeigt, ist der Differentialquotient de facto eine doppelte Grenzwertfunktion, die *analytisch* eine duale Regression gemäß P_{11} enthält und deshalb nicht etwa eine konsistente Grundlage zur Bestimmung von Ort und Zeit darstellt, sondern in die Erste und Zweite Eleatische Chaosfunktion führt, die gegenüber P_{11} axiomatisch unabhängige P_{B2}-Beweissätze darstellen.[62] Weil sich die Punkte einer Ebene, die nach obiger Definition einen Kreis abgeben sollen, durch die Analysis nicht bestimmen lassen, ist diese Kreisdefinition, sofern sie analytisch ist, hinfällig.

Die analytische Ableitung des Kreises aus dem „archimedischen" Radius r, etwa in Form der Koordinatengleichung des Einheitskreises

$$y = \pm\sqrt{1 - x^2},$$

ist nicht nur aufgrund von *(1.3-7)* $r =_b =_c$ und damit P_2 widerlegt, sondern auch durch die eleatische Mathematik in P_6, die die Anti-Logik der arithmetischen Subtraktion durch einen P_{B2}-Beweissatz nachgewiesen hat.

Da die trigonometrischen Funktionen - die *dritte* hier zu erwähnende Theorie des Kreises aus Sinus- und Kosinusfunktion (Kreis als Wellenform) - auf den anti-logischen Divisionsgleichungen der Arithmetik aufgebaut sind, sind sie auf der Basis der Erkenntnisse von P_7 ebenfalls als ungültige mathematische Theorien zurückzuweisen. Insgesamt zeigt sich somit ein vollkommenes Scheitern der analytischen Mathematik.

Der erste Fragmentteil von Parmenides` *Über die Natur* beginnt mit der Beschreibung des Weges, den der Zeitreisende nimmt, um zur Göttin geführt zu

---

[61] Vgl. de Redmont a. a. O., S. 89.
[62] de Redmont a. a. O., S. 78 ff. und 89.

werden. Die „doppelten gewirbelten" Kreise der Radnaben des Reisegefährts[63] sind dabei eine Allegorie auf die Null als Doppelkreis, also auf k_2 und k_3. Dieser Doppelkreis ist „ätherischer" Art,[64] womit Parmenides zu verstehen gibt, dass k_2 und k_3 zugleich zu weiteren RaumZeiten führen, die, wie wir noch sehen werden, geradezu das Kernelement der Kosmologie des Tao sind, was zeigt, dass es auf der Stufe einer vertieften Weltbetrachtung eine transkulturelle und überepochale Wahrnehmungs- und Erkenntniseinheit zwischen Orient und Okzident gab. Das eigentliche Ziel aber, so fährt Parmenides fort, ist das „Tor der Bahnen von Nacht und Tag"[65], das die unmittelbare Anwesenheit des Sein im Hier und Heute als k_1 bezeugt.

Abschließend sei noch darauf hingewiesen, dass die Geometrie von 1.10.1.1 auch die Rektifikation des Kreises enthält. Dabei stellt sich die Lösung, wie bereits bei der Quadratur des Kreises, geradezu umgekehrt dar: Der Kreis (Dreikreis) geht ursprünglich aus der zweiten Definition des Nicht-Orts, dem Quadrat, hervor. Bei der Rektifikation des Kreises ist die Lösungsrichtung gleich, denn die „$=_a$"-Operatoren lassen sich, wie die Entwicklung zur Hypothenuse gezeigt hat, jederzeit in eine Gerade umwandeln.

Die Ausdrücke und Gleichungen *(1.10.1.1-11)-(1.10.1.3-6)* werden im Folgenden als System P_{14} bezeichnet.

1.10.2 Die taoistische Mengenlehre der Null

Zusammenfassung: Ausgehend von der taoistischen Theorie natürlicher Zahlen, wird in diesem Kapitel gezeigt, dass die Null eine Menge ist, die ihr Negativ enthält. Außerdem wird für das mengentheoretische Elementzeichen eine axiomatisch konsistente Definition gefunden. Das Elementzeichen ist eine meta mengentheoretische Funktion. Durch diese Funktion wird ein Operand per Zuordnung zum Element und das Objekt der Zuordnung zur Menge. Die elementarste Zuordnung ist die Zuordnung eines Negativs zu seinem Positiv. Da das

---

[63] Parmenides, Fragment 1, 1.7-1.8.
[64] Parmenides, Fragment 1, 1.13.
[65] Parmenides, Fragment 1, 1.11.

Negativ das Abbild des Positiv ist und Bild und Abbild so einander zugeordnet sind, ist die *Schaffung* eines Abbilds (siehe *(1.8-2)*) eine Zuordnungsfunktion, weswegen - ↔ ( ) ↔{ } gilt, mit { } = „Element von" bzw. Elementfunktion. Auf diese Weise sind Positiv und Negativ die axiomatische Grundlage der Mengenlehre und - ↔ ( ) ↔{ } ist die diese konstituierende Grundfunktion. Die taoistischen Elementfunktionen der Kapitel 1.10.3, 1.10.6.2, 2 und 3 begründen nicht nur die Meta-Mengentheorie, sondern sind der wesentlichste Beitrag des wissenschaftlichen Taoismus zu Mathematik, Geometrie, Physik und Kosmologie überhaupt. Ihre Bedeutung ist überragend. Zur Nullmenge gehören drei Elementfunktionen, womit die Voraussetzung für die in Kapitel 1.10.3 dargestellte taoistische Kosmologie im Zeichen des Dreikreises geschaffen ist.

Die Tatsache, dass, wie es in Kapitel 42 des *daodejing* heißt, „Einheitlichkeit ... Doppelheit" hervorbringt, ist dem *taoistischen Gesetz der Spiegelung*, *(1.10.1.1-11)*, geschuldet. Gleichzeitig bedeutet das verwendete Verb „hervorbringen", dass alle natürlichen Zahlen gemäß *(1.9-1a) - (1.9-1c)* Elemente der Null sind und die Null also eine Menge ist. Da aus *(1.9-1a) (i)* $01 - 1 = 0 = 0$; *(1.10.2-1)* $0 = 1$ folgt, und die Zahl *1* entsprechend in *(ii)* $0 = 1 = 3$ aus *(1.9-1c)* eingesetzt werden kann, also *(1.10.2-2)* $1 = 1 = 3$ gilt, entsteht die Zahl *4* durch *(1.10.2-3)* $0 = 1 = 3 + 1$ und die Reihe der natürlichen Zahlen insgesamt durch den kontinuierlichen Einsatz der Zahl *1* - gemäß *(1.10.2-1)* - in die bei Rechtsverschiebung sich links bildenden Nullpositionen der sich aus *(1.10.2-3)* weiter ergebenden Gleichungen.

Aufgrund von *(1.8-1)-(1.8-2)* gilt die zunächst wie ein Widerspruch wirkende Gleichung *(1.10.2-4)* $[- =_1]_A =_a (=)$ bzw. *(1.10.2-5)* $[- =_1]_A =_a =_2 ( )_\square$, mit $( )_\square = LA_1$ als Trägermedium. Aber die Bildung von Negativen ist weder eine Amalgamation bzw. Fusion, noch ein Zerstörungsakt LA_1. Zunächst wird Ausdruck A zu $[=_1-]_A$ spiegelverkehrt und gemäß *(1.5-18)* ein weiteres Gleichheitszeichen zur Verfügung gestellt. Dieses Gleichheitszeichen wird im Zuge einer erneuten Spiegelumkehrung durch das Minuszeichen als Bewegungsoperator zu einem Pluszeichen, ausgedrückt durch die Subtraktion *(1.10.2-6)* $[=_1 - +]_A$, umgeformt. Die Quotienten dieser Subtraktion ermitteln sich wie folgt:

1. Quotient $z_1 = =_2$ ist der Minuend „$=_1$", denn der Subtrahend „+" ist durch Vermehrung entstanden.

2. Der Subtrahend „+" wurde als Quotient der simultan zu $x - w = z$ ablaufenden Subtraktion $w = x - z$ zu z_1 hinzu gestellt bzw. vorangestellt.[66]

3. Die Identität zwischen Minuszeichen und Negativ beinhaltet den Abdruck selbst, was durch *(1.10.2-7)* $[=_1 + (\ )_\square]_A$ angezeigt ist, wobei das Ergebnis dieses Vorgangs mit der Schaffung eines Trägermediums, „$(\ )_\square$", verbunden ist.

Man bemerkt, dass das Minuszeichen in Ausdruck *A drei* außerordentlich unterschiedliche Operationen durchführt und repräsentiert: *(a)* Entfernung eines durch „$=_1$" neu geschaffenen Gleichheitszeichens vom Minuenden; *(b) in* der Entfernungsbewegung Umwandlung des neu geschaffenen Gleichheitszeichens in ein Pluszeichen; *(c)* Abdruckbildung von $=_1 = \ =_2$ in LA_1 zur Schaffung des Trägermediums $(\ )_\square$.

In der taoistischen Mathematik ist das Minuszeichen in Ausdruck *A* (und die mit ihm zusammenhängende komplexe Subtraktionsstruktur) ein *Wandlungszeichen*. Die Wandlungen von Operatoren zeigten sich im Übrigen ja bereits schon in *(1.10.1.1-2a-c) - (1.10.1.1-13)*, wobei alle Wandlungen dieser Ausdrücke und Gleichungen aus der taoistischen Subtraktionsform $z + w - w = z_1 =z_2$ hervorgingen. In der Tradition des europäischen Universalismus ist die taoistische Wandlungsmathematik ein morphologisches Phänomen im Sinne von Goethes Pflanzenmorphologie („Meta-Morphosenlehre"). In jedem Fall aber zeigt sie, ganz im Geist Richard Wilhelms, dass der Taoismus und seine Mathematik, ganz im Gegensatz zur europäischen Arithmetik, keine mechanische Anwendung von Operatorfunktionen beinhaltet. Mathematik erfordert jene *Phantasie*, die in der Natur selbst als Wandlungsgeschehen waltet.

Es folgt

$$[=_1 - \ = \ ]_A \rightarrow [=_1 \ - + \ ]_A \rightarrow [=_1 + (\ )_\square]_A =_a +=_2 (\ )_\square \qquad (1.10.2-8)$$

Denn mit

---

[66] Das erste eleatische Koinzidenzgesetz beweist die Simultanität der Subtraktionen $x - w = z$ und $w = x - z$. Jede arithmetische Subtraktion ist in Wirklichkeit eine Doppelsubtraktion. Vgl. de Redmont a. a. O., S.53 ff.

$=_2 + (\ )_\square$ $\hspace{4cm}$ *(1.10.2-9)*

wird aus den Quotienten eine Summe, die linksseitig durch

$[+=_1(\ )_\square]_A$ $\hspace{4cm}$ *(1.10.2-10)*

ausgedrückt wird. Als Summe von *(1.10.2-9)* ist *(1.10.2-10)* eine *Menge*, deren Element das „$=_1$" als Negativ ist

$[=_1\{\ \}\leftrightarrow(\ )_\square]_A$ $\hspace{3cm}$ *(1.10.2-11)*

Die Gleichheit von { } = „Element von" und $(\ )_\square$ = Negativ führt unter Berücksichtigung von *(1.5-8)* und *(1.5-15)* aus P_4 zu $(1.10.2\text{-}12) =_c =_{a1} \{\ \}f(=_{a*})^*[=_{a**}\ ]$ $\{=_1\{\ \}\}$, wobei die Klammerung beim Funktionszeichen, „$(\ )^*$, wiederum zur Unterscheidung vom Negativ einen Stern als Index hat. Gleichung *(1.10.2-12)* wird zu

$0 =\{\infty\{0\{\ \}_1\leftrightarrow(\ )_\square\}_2\}_3$ $\hspace{3cm}$ *(1.10.2-13)*

vereinfacht.

Die Ausdrücke und Gleichungen *(1.10.2-1)-(1.10.2-13)* werden im Folgenden als System P_{15} bezeichnet.

1.10.3 Die Transpyhsical Spacetimes des Tao

Zusammenfassung: Kern des in den Naturphilosophien des hinteren Orients als *Kali Yuga* bezeichneten Zeitalters - nach dieser Tradition beginnend um das Jahr 3000 v. Chr. und nach Angaben des Begründers der Anthroposophie, Rudolf Steiner, endend 1899 - ist die Entfremdung des Menschen von der Natur. Man kann Parmenides` Fragmentgedicht *Über die Natur* in diesem Zusammenhang als eine einzige *Warnschrift* verstehen und das *daodejing* Laozi`s als einen einzigen Kontrapunkt. Diese Entfremdung kulminierte im 19. Jahrhundert in Form der sogenannten „rationalen" Wissenschaften und wurde zu einer, aus einem Guss über die verschiedenen Disziplinen hinweg formulierten, eigentlichen *Abschottung* von der Natur. Dies führte zur Ghettoisierung der Naturwissenschaften. In diesem Ghetto fängt die Natur mit einem angeblich Masse bildenden Teilchen an (Higgs-Boson) und hört mit der anti-logischen Kontinuumshypothese in Form eines angeblich „aktualen" Wachstums des Universums auf. Die anti-logischen Ausschaltungen dieser angeblichen Wissenschaften von der Natur betreffen dabei nicht nur das eleatische *„Nicht-Ist", „Ist-Nicht"* und *Nichts*, sondern auch die zur Natur gehörenden transphysikalischen und superphysikalischen RaumZeiten, die nicht nur zu den der Arithmetik und Mengenlehre übergeordneten mathematischen und geometrischen Gebieten führen, jede Form von Physik überhaupt erst begründen und eine konsistente Kosmologie darstellen, sondern über den dem Eleatismus und Taoismus gleichermaßen angehörigen Gedanken des *Chaoswandels* eine makro- und mikrokosmische Eschatologie enthalten, die den Keim einer über jede Glaubensrichtung hinweg ziehenden Weltreligion als persönliche Wissens- und Gewissensfrage in sich trägt. An dieser Stelle wird man die ideologische Kernausfaltung der sogenannten „rationalen" Wissenschaften jederzeit erleben können. Denn diese angeblichen Wissenschaften wollen von einer in der Natur selbst veranlagten Eschatologie niemals etwas wissen. Das Ghetto wurde ja gerade deshalb errichtet, um nichts davon wissen zu müssen. Ein solches Wissen würde beispielsweise die heutigen Formen der Naturausbeutung mit einem Schlag verunmöglichen. Eine Natur, die man als Heilungsgeschehen anzuschauen lernt, kann man nicht ausbeuten, man kann sie nur bewundern, lieben und achtsam mit ihr umgehen.

Die meta mengentheoretischen Elementfunktionen, die der taoistischen Definition der Null als Menge zugrunde liegen, drücken, in Verbindung mit der
taoistischen Physik der Null (Yin und Yang), Natur-Negative als *Wirksamkeit*
von Natur-Positiven aus. Diese Wirksamkeit gehört funktional verschiedenen
physikalischen Ebenen an und es zeigt sich, dass die taoistische Physik das physikalische Pendant zum pythagoreischen Dreikreis als Kosmologie ist. Während
alle Natur-Wirkungen (Negative) der physischen RaumZeit angehören, gehören
alle verursachenden Natur-Positive den übergelagerten und gegenläufigen
Zeitkreisen des Dreikreises an (siehe nochmals *Figur 5* in *Diagramm 2*). Die lee-
ren Zwischenräume zwischen den Kreisen sind einerseits die physikalischen
Orte des Zerfalls der Yin- und Yang-Kräfte - Massebildung und Entropie -, andererseits aber auch der Ausgangspunkt zu deren Reintegration ins Sein (Bildung
eines, neben der mimetischen Null, dritten Null-Positivs). Aus diesem Grund ist
die taoistische Physik nicht nur Kosmologie, sondern auch, der Bedeutung des
Begriffs Tao gemäß, *Eschatologie*. Diese letztere verbindet sie, gestützt auf die
nicht-arithmetischen sieben Elementsätze zur Null (Super-Arithmetik bzw.
Sprachmathematik), mit der sich im nächsten Kapitel anschließenden Mathematik des Johannesevangeliums, der gegenüber die taoistische physikalische
Eschatologie ein ontologischer P_{B2}-Beweissatz ist.

Kapitel 1.6.5 bzw. P_{10} hat gezeigt, dass die westliche Physik selbstredend davon ausgeht, ihre Begriffe gehörten der physischen RaumZeit an. Dieser Irrtum
wurzelt in der vollkommenen Ignorierung der Tatsache, dass alle Naturgrößen
in Positive und Negative untergliedert sind und dass nur die Negative über
Elementfunktionen als Wirkung von Naturpositiven den physischen Raum und
die physische Zeit bilden. Alle Begriffe der westlichen Physik gehören als Naturpositive einem *anderen* RaumZeit-System an, das hier als dreigliedriges System der transphysikalischen RaumZeiten bezeichnet wird. Die materielle bzw.
physische RaumZeit ist, soweit sie nicht das *Nichts* ist, was die oben erwähnten
Begriffe der westlichen Physik anbelangt, lediglich das *Negativ* ihr nicht ange-
höriger Naturpositive, wobei die höheren meta mengentheoretischen bzw.
taoistischen Element- bzw. *Abbild*funktionen das Negativ als *Wirkung* bzw.
Einwirkung zeigen. Durch die höheren taoistischen Element- bzw. Abbildfunk-
tionen werden die Naturpositive nicht nur zu Mengen, wodurch sie, als Ge-
samtheit und damit Summe von Mengen, als mehrfach untergliederte Raum-

Zeiten definiert sind, sondern vor allem auch zu den eigentlichen *Naturursa-chen*, die somit gar nicht zur physischen RaumZeit gehören. Durch die taoisti-sche Meta-Mengentheorie bzw. die taoistischen Element- bzw. Abbildfunktio-nen wird somit das die „rationalen" Wissenschaften begründende Axiom der geschlossenen Kausalkette widerlegt, wodurch das oben erwähnte Ghetto der Naturwissenschaften aufgehoben wird.[67]

Was die westliche Physik allerdings, wenn auch unbeabsichtigt, erfasst (sie-he *(1.6.5A-5)* und *(1.6.5B-12)*), ist das im physischen Raum als Zerfall des Yin- und Yang-Prinzips existente Nichts in Form der Entropie. Das Nichts ist weder ein Natur-Positiv, noch ein Natur-Negativ, was der einzige Grund dafür ist, dass die westliche Physik *diesbezüglich* eine konsistente Theorie darstellt.

Im Folgenden wird $\{\,\} \leftrightarrow (\,)_{\square}$ aus *(1.10.2-11)* als mengentheoretische **Gleich-heit A** bezeichnet. Aus *(1.10.2-13)* folgt ferner

$$\{\,\}_1 \leftrightarrow \{\,\}_2, \qquad\qquad (1.10.3\text{-}1)$$

Die Gleichheit zwischen einem Negativ „( )" und einem „Element von" zweiten Grades, „$\{\,\}_2$", besteht darin, dass das Trägermedium eines Negativs zu einem Element der Null wird. Deshalb ist „$\{\,\}_2$" die meta mengentheoretische Be-zeichnung für eine Neuzuordnung, bzw. die Mengenvermehrung um den logi-schen Grenzwert *$\log \tau_{\square}$* bzw. das eleatische „*Ist-Nicht*". Die Gleichheit *(1.2.3.1-4)* wird im Folgenden als mengentheoretische **Gleichheit B** bezeichnet.

1. *Elementsatz zur Null: Die Gleichheit A und B ist Element der Null, (1.10.3-2)* 0 = $\{A;B\}_0$.

Die Gleichheit des „Element von" zweiten und dritten Grades,

$$\{\,\}_2 \leftrightarrow \{\,\}_3, \qquad\qquad (1.10.3\text{-}3)$$

---

[67] Eine weitere Widerlegung des Axioms der geschlossenen Kausalkette befindet sich in de Redmont a. a. O., S. 94 ff., die gegenüber P_{16} ein P_{B2}-Beweissatz ist.

beinhaltet eine weitere Metamorphose des Begriffes „Element von", die wie- derum auf einer zu identifizierenden Gleichheit aller drei meta mengen- theoretischen Grade des Elementbegriffs beruht. Der Elementbegriff dritten Grades, „$\{\ \}_3$", ist *Wirksamkeit des Null-Positivs* im Sinne der Aussonderung von $\infty = 1, 2, 3, ...$ Die Gleichheit *(1.10.3-3)* wird im Folgenden als mengentheo- retische **Gleichheit C** bezeichnet.

2. Elementsatz zur Null: Die Gleichheit A,B und C ist Element der Null, (1.10.3-4)
$0 = \{A;B;C\}_0$.

Mit *(1.10.3-5)* $0(0) -_{\square n} 0(0) = 0_{\square}$ und damit der Schaffung der mimetischen Null, sind die *Innenräume* des pythagoreischen Dreikreises definiert,

$$k_1 - k_2 - k_3 = 0_{\square 1} = \{0 = \{\infty\{0\}_2\}_3 \}_4, \tag{1.10.3-6a}$$

wobei sich die Doppelsubtraktion aus der Umformung des Kreises k (siehe *(1.10.1.2-9)*) ableitet. Die Doppelsubtraktion definiert die rechte Seite von *(1.10.3-6a)* als Quotienten z_1 mit $z_1 = 0_{\square 1}$ und damit jenes „Ist-Nicht" zerstörter Null-Trägermedien (Null-Negative), aus dem das Sein im Sinne von ∞ wie aus Nebeln auftaucht. Das Axiom „$0_{\square 1}$" ist die Innenfläche von k_1, die in *Diagramm 2, Figur 5,* als das Innere des mittleren kleinen Kreises sichtbar ist. Die Null (das erste Null-Positiv) und die natürlichen Zahlen ∞ sind nun Element der mimeti- schen Null $0_{\square 1}$ (dem zweiten Null-Positiv). Diese meta mengentheoretische Er- kenntnis bedeutet in physikalischer Interpretation, dass die uns umgebende Natur nicht nur aus der Null hervorgeht, sondern dass die „unzähligen Dinge" (42. Kapitel des *daodejing*) des Seins von der *Mimesis des Seins umgeben* sind. Wo finden wir diese Mimesis? Die „unzähligen Dinge" existieren als *Einzeldinge* nur deshalb, weil sie von der Mimesis des Seins voneinander getrennt sind. Diese *Wirksamkeit* des $0_{\square 1}$-Nichts ist der gemeinsame Nenner zwischen dem 3. und 4. Grad des meta-mengentheoretischen Elementbegriffs („$W_{0\square 1}1$"). Aber es gibt noch eine weitere Wirksamkeit der $0_{\square 1}$-Mimesis, die die zweite Kompo- nente dieser Gleichheit ist (im Folgenden:„$W_{0\square 1}2$"). Wird *(1.10.3-6a)* zu

$$k_1 -_{\square k1} [k_2 - k_3]=_{log} -_{\square k1} \Omega_l logx_{\square k1} \tag{1.10.3-6b}$$

umgeformt (unter Umwandlung des Transportoperators „-" zu einem Zerstö-rungsoperator „-$_{\square n}$" und LA_1 als Situation *(1.7-9)*, dehnt sich das *Nichts* unter Zerfall des Kreises k_1 aus und es tritt jene in *(1.6.5A-5)* bzw. *(1.6.5B-12)* festge-haltene *Newton`sche* bzw. *Einstein`sche* Entropie ein, die mit dem Zerfall bzw. dem Tod der Naturinhalte endet.[68]

Wegen der zweifachen Wirksamkeit des *Nichts* gilt

$$\{\ \}_3 = \{\ \}_{41} = W_{0\square 1}1 \qquad\qquad (1.10.3\text{-}7a)$$

und

$$\{\ \}_3 = \{\ \}_{42} = W_{0\square 1}2 \qquad\qquad (1.10.3\text{-}7b)$$

Die Gleichheit *(1.10.3-7a)* wird im Folgenden als mengentheoretische **Gleich-heit D** bezeichnet.

3. Elementsatz zur Null: Die Gleichheit A, B, C und D ist Element der mimeti-schen Null $0_{\square 1}$, *(1.10.3-8)* $0_{\square 1} = \{A;B;C;D\}_0$.

In *(1.10.3-6a)* befindet sich der Subtrahend *(1.10.3-9)* $w = [k_2 - k_3]$. Wird *(1.10.3-6a)* auf den taoistischen Subtraktionstyp gemäß Minuendendefinition $x = z + w$ umgestellt, ergibt sich *(1.10.3-10a)* $0_{\square 1} + [k_2 - k_3] - [k_2 - k_3] = 0_{\square 2} = 0_{\square 1}$ und weiter *(1.10.3-10b)* $[k_2 - k_3] - [k_2 - k_3] = 0_{\square 2} - 0_{\square 1} = 0_{\square 2} - 0_{\square 1} = 0_{\square 2}$ und es entsteht verkürzt

$$0_{\square 2} = [k_2 - k_3] \qquad\qquad (1.10.3\text{-}11)$$

als Definition jener Mimesis $0_{\square 2}$, die in *Diagramm 2, Figur 5,* zwischen, k_2 und k_1 liegt. Da *(1.10.3-11)* *(1.10.3-6a)* entspricht, gilt

---

[68] Sämtliche $W_{0\square n}2$-Wirksamkeiten lassen sich auch in Form eleatischer Chaosfunktionen zweiten Grades darstellen. Die eleatische Chaostheorie enthält zudem genauere Informati-onen zur Entstehung von Zerstörungsoperatoren. Vgl. de Redmont a. a. O., S. 79 ff. Die elea-tische Chaostheorie ist somit ein P_{B2}-Beweissatz für *(1.10.3-6b)* und *(1.10.3-7b)*.

$0_{\square 2} = \{0_{\square 1} = \{0(0) = \{\infty\{0\}_2\}_3 \}_4\}_5.$ $\hspace{3cm}$ *(1.10.3-12)*

In $0_{\square 2}$ findet die auf *(1.10.3-10b)* beruhende Wechselwirkung

$[k_2 - k_3]_I = [k_2 - k_3]_{II}$ $\hspace{5cm}$ *(1.10.3-13a)*

bzw.

$I = z_2 = II = z_3 = I, \dots$ $\hspace{5cm}$ *(1.10.3-13b)*

statt, die zeigt, dass bestimmte Naturinhalte - dazu zählen: Gravitation, Zentri-fugalkräfte, Schwerkraft, Fliehkräfte und die Masse - in $0_{\square 1}$, dem physischen Raum, lediglich als Wirkungen (Negative) von in $0_{\square 2}$ vollzogenen Wechselwir-kungen („$W_{0\square 2}1$ ") auftreten. So zeigt die eleatische Physik beispielsweise an-hand der Bewegung eines einfachen Pendels, dass die beiden Extremalpunkte einer vollen Pendelbewegung (180°<) aus einer Grenzwertfunktion hervorge-hen, die die Umwandlung von Yin-Kontraktion (als Schwerkraft) und Yang-Expansion (als Fliehkräfte) beinhaltet, bzw. *(1.9-2)* als Grenzwert *(1.10.3-14)* $[\tau_a - \tau_b]_A = 0 + \tau_a \, \Omega_I \, [\tau_b - \tau_a]_B = 0 + \tau_b$ ist, wobei *in* den Nullpunkten zugleich die Umwandlung von Fliehkräften in Schwerkraft erfolgt, sodass der Grenzwert von 0 zugleich den Übertritt in $0_{\square 2}$ markiert und damit $0 = 0_{\square 2}$ gilt. Bei Schwer-kraft und Fliehkraft handelt es sich also lediglich um verschiedene Ausdrucks-weisen bzw. Metamorphosen eines *einzigen* Prinzips, nämlich des Yin- und Yang-Kreisprinzips als physikalisches Kräftespektrum. Dieser Wechselwirkung der Kreiskräfte steht wiederum deren Zerfall als zweite $0_{\square 2}$-Wirksamkeit ge-genüber („$W_{0\square 2}2$"). Die Kreiskräfte stellen in der physischen RaumZeit deshalb kein Perpetuum Mobile dar, weil sich *(1.10.3-14)* zu

$[k_2 -_{\square k2} k_3]_{III} = [k_2 -_{\square k2} k_3]_{IV} =_{log} -_{\square k2} \, \Omega_I \, log x_{\square k2}$ $\hspace{2cm}$ *(1.10.3-15)*

umwandelt und durch den Zerstörungsoperator „$-_{\square k2}$" der Zerfall des Kreises k_2 erfolgt. Aufgrund von *(1.10.3-15)* endet jede Pendelbewegung mit dem Pen-delstillstand. Der Zerfall der Kreiskräfte stellt die gegenüber $W_{0\square 1}2 = log x_{\square k1}$ (Entropie) entgegengesetzte Wirksamkeit dar, nämlich die der Verklumpung kontraktiver Kreiskräfte folgende Massebildung, $W_{0\square2}2 = logx_{\square k2}$. Der Zerfall in $0_{\square1}$ und $0_{\square2}$ (Entropie und Massebildung) findet allein deshalb statt, weil

1. Transportoperatoren „-" zu den Zerstörungsoperatoren „-$_{\square k1}$" und „-$_{\square k2}$" degenerieren und

2. die Zerstörungsoperatoren „-$_{\square k1}$" und „-$_{\square k2}$" in Form von $logx_{\square k1}$ bzw. „$logx_{\square k2}$" als Erstoperanden auftreten, was bedeutet, dass aus ursprünglichen Yin- und Yang- Kreiskräften bzw. *Zeitkräften* Raumwirklichkeiten als „Friedhöfe der Zeit" entstehen.

Es ergeben sich auf Grund des Wirksamkeitsprinzips in $0_{\square2}$ wiederum folgende Gleichheiten:

$$\{\ \}_{41} = \{\ \}_{51} = W_{0\square2}1 \qquad\qquad\qquad (1.10.3\text{-}16a)$$

und

$$\{\ \}_{42} = \{\ \}_{52} = W_{0\square2}2 \qquad\qquad\qquad (1.10.3\text{-}16b)$$

Die Wirksamkeit *(1.10.3-16a)* wird im Folgenden als mengentheoretische Gleichheit „*E*" bezeichnet.

4. Elementsatz zur Null: Die Gleichheit A, B, C, D und E ist Element der mimetischen Null $0_{\square2}$, (1.10.3-17) $0_{\square2}$ ={A;B;C;D;E}$_0$

Wegen den physikalischen Wirkungen *(1.10.3-7a)-(1.10.3-7b)* bzw. *(1.10.3-16a) - (1.10.3-16b)* und den in ihnen enthaltenen mengentheoretischen Implikationen begründen die Gleichungen *(1.10.3-6a)* und *(1.10.3-11)* eigene RaumZeiten. Diese RaumZeiten sind die beiden ersten Glieder eines insgesamt fünfgliedrigen RaumZeit-Systems, wobei die drei noch fehlenden Glieder gleich unten vorgestellt werden. Das Gesamtsystem aus fünf Gliedern wird im Folgenden als **Transphysikalisches RaumZeit-System** (bzw. *Transphysical Spacetime* bzw. *Transphysical Spacetimes „TST"*) bezeichnet und seine vorläufigen Glieder als T_1 - T_4. Bei *(1.10.3-6a)* bzw. *(1.10.3-11)* handelt es sich entsprechend um T_1 und um T_2.

Aus zerfallenen Zeitkräften entstandene Raumfriedhöfe - nichts anderes stellen die Wirksamkeiten $W_{0\square1}2$ - $W_{0\square2}2$, die T_1 bzw. T_2 als Räume bilden, dar. Nicht wahr, wenn wir die verwelkende Blume und den vermodernden Baum sehen, das sterbende Tier bzw. den sterbenden Menschen - überall umgibt und begegnet uns in der physischen RaumZeit der Tod. *Die „unzähligen Dinge" zerfallen, vergehen und sterben, weil die Naturkräfte, aus denen sie hervorgehen und die sie tragen, selbst im Nichts von Entropie und Masse vergehen und absterben und folglich der Untergang der „unzähligen Dinge" nur Wirksamkeit jenes als $W_{0\square1}2$ - $W_{0\square2}2$ definierten Meta-Untergangs der Naturkräfte selbst ist.* Die westliche Physik dagegen hantiert mit ihren Begriffen von Raum und Zeit - Newtons „absolutem Raum", Einsteins „relativistischem" Raum, und Helmoltzens` Satz vom Energieerhalt -, als ob es sich um *Naturkonstanten* handelte (bei Einstein: Licht bzw. die Lichtgeschwindigkeit). Allein, das was die westliche Physik heute als Naturkonstanten bezeichnet, ist der permanenten Erneuerung der Naturkräfte durch die höheren Ebenen der *TST*, T_3 - T_4, zu verdanken, die den ständigen Zerfall der von ihnen geschaffenen Kräfte beständig ausgleichen. Man hat es also bei den Naturkräften nicht mit statischen Zuständen zu tun, sondern mit dynamischen Prozessen. Dies steht ganz im Gegensatz zum Zweiten Hauptsatz der Thermodynamik, der die Entropie lediglich als Zustandsänderung des *conservation principle* (Erster Hauptsatz, der den Energieerhalt postuliert) auffasst, wo sie doch In Wirklichkeit die real wirkende $W_{\square1}2 = logx_{\square k1}$ *death zone* der Natur ist, ohne deren kontinuierliche Umwandlung zu einer Stätte der Erneuerung, die Erde niemals zu einem Ort des Lebens hätte aufsteigen können.

Ferner gilt

$$k_3 - k_2 - k_1 = 0_{\square3} = \{0_{\square2} = \{0_{\square1} = \{0 = \{\infty\{0\{(0)\}_1\}_2\}_3\ \}_4\}_5\}_6 \qquad (1.10.3\text{-}18)$$

Der Kreis $k_3 - k_2 - k_1 = 0_{\square3}$ entspricht der Innenfläche des von k_3 und k_2 eingeschlossenen Raums in *Diagramm 2, Figur 5*. In $0_{\square3}$ findet folgende Wechselwirkung statt

$$[0_{\square 3}\{(0)\}_1]_V = [0_{\square 3}\{(0)\}_1]_V \qquad (1.10.3\text{-}19a)$$

$$V = z_6 = VI = z_7 = V, \dots \qquad (1.10.3\text{-}19b)$$

die die Entstehung von $0_{\square 3}$ als *drittem Null-Positiv* beinhaltet. Um was es sich hierbei handelt, soll anhand eines Beispiels kurz erläutert werden. Das Negativ eines Astes im Boden lässt sich mit Wasser, Sand, Luft, Erde etc. zu einem dritten Positiv füllen (neben dem Ast, erstes Positiv, und dem Boden als Trägermedium des Ast-Negativ, zweites Positiv bei Zerstörung des Negativs). Dieses dritte Positiv ist mit dem ersten Positiv, dem Ast, deshalb gleich, weil das mit obigen Elementen bzw. Stoffen angefüllte Ast-Negativ über die gleichen Maße (Länge, Breite, Volumen) verfügt wie das erste Positiv, der Ast. Erstes und drittes Positiv sind also über ihre *Quantitas*, ihre quantitativen Eigenschaften, gleich. Ausgenommen davon ist lediglich das Gewicht, das erst als Sekundärerscheinung des dritten Null-Positivs in T_2 auftritt. Es gilt

$$k_3 = +0_{\square 3}(0) -0_{\square 3}(0) = 0_{3'}. \qquad (1.10.3\text{-}20)$$

Durch *(1.10.3-20)* erhält das „*Ist-Nicht*" die *Formen* von k_3 (Quantitas) und die Plus- und Minusnomenklatur zeigt, dass die Formen der Natur die *Natururanziehung*, also das Yin-Prinzip repräsentieren und dass es sich folglich bei den magnetischen und elektromagnetischen Kräften bzw. Wirkungen in der Natur lediglich um Metamorphosen - Wandlungen - der in ihr existenten Natururanziehung 0_3 handelt. Die Wechselwirkung *(1.10.3-19a)* - *(1.10.3-19b)* markiert den Aufstieg des „*Ist-Nicht*" zum identischen Sein. Denn über

$$\{\ \}_{51} = \{\ \}_{61} = W_{0\square 3}1 \qquad (1.10.3\text{-}21)$$

erfolgt die Transmission der dritten Null-Positive in T_2, wo sie als

$$=_{cm} = 0_3 \cdot 0_{\square 2} = T_2 \qquad (1.10.3\text{-}22)$$

zu geformter Masse werden.

Die Wirksamkeit *(1.10.3-21)* wird im Folgenden als mengentheoretische Gleichheit „*F*" bezeichnet.

5. Elementsatz zur Null: Die Gleichheit A, B, C, D, E und F ist Element der mimetischen Null $0_{\square 3}$, (1.10.3-23) $0_{\square 2} = \{A;B;C;D;E;F\}_0$.

Durch das abermalige Auftreten von Zerstörungsoperatoren

$$[k_3 - 0_3 \cdot]_{VII} = [0_{\square 3} -_{\square k3} 0_{\square 3}]_{VIII} =_{log} log\tau_{\square 3} \qquad\qquad \textbf{(1.10.3-24a)}$$

und die Wechselwirkung

$$VII = z_{10} = VIII = z_{11} = VII, ... \qquad\qquad \textbf{(1.10.3-24b)}$$

werden die dritten Null-Positive von k_3 getrennt und anschließend zerstört, wodurch mit $log\tau_{\square k3}$ das Nichts als zerfallene dritte Null-Positive bzw. Raumoperanden entstehen und dadurch der chaotische Raum T_3 als dritter Naturfriedhof errichtet wird. Es gilt

$$\{ \}_{52} = \{ \}_{62} = W_{0\square 3}2 \qquad\qquad \textbf{(1.10.3-25)}$$

Über $W_{0\square 2}2$ und $W_{0\square 1}2$ erfolgt dann jener Zugriff auf die Transphysikalischen RaumZeiten T_2 und T_1, die den Zerfall aller Naturformen (Quantitas) bewirken.

Durch

$$[k_3 - 0_3 \cdot]_{VII} = k_3\{0_3 \cdot\}_{61} \qquad\qquad \textbf{(1.10.3-26)}$$

und die Elementsätze *1- 6* bleibt ein Teil der dritten Null-Positive aus der Wechselwirkung *(1.10.3-24a) - (1.10.3-24b)* unversehrt, denn bei den Elementsätzen zur Null handelt es sich um nicht-arithmetische mathematische Systeme ohne logische Konstante und folglich ohne Logische Aussagen (das eleatische Tertium non datur ist überwunden). Es ist allein Gleichung *(1.10.3-23)* $0_{\square 3}$ =$\{A;B;C;D;E;F\}_0$, die den Bestand der Natur durch den permanenten Erneuerungszyklus

$$[k_3 =_a k_2 =_a k_1]_{IX} =_a [k_3 =_a k_2 =_a k_1]_X \qquad (1.10.3\text{-}27a)$$

bzw.

$$IX = z_{12} = X = z_{13} = IX \dots, \qquad (1.10.3\text{-}27b)$$

garantiert. Ferner gilt

$$k_3\{O_3\cdot\}_{61} = k_2\{O_3\cdot\}_{71} \qquad (1.10.3\text{-}28)$$

bzw.

$$\{\ \}_{61} =_a \{\ \cdot\}_{71} \qquad (1.10.3\text{-}29)$$

Das dritte Null-Positiv ist dann mit k_3 und k_2 gleich, wenn es mit beiden ver-schmilzt und die Trennung, die sich aus dem „Elementsein" des dritten Null-Positiv von den ersten Null-Positiven k_3 und k_2 ergibt, aufgehoben wird. Dies geschieht durch die Schaffung der Identität

$$\Omega_{Ia} =_b \{\ \}_{61} =_a \{\ \}_{71} \qquad (1.10.3\text{-}30)$$

Die Identität Ω_{Ia} beendet die Entwicklung der Erhebung des „Ist-Nicht" zum identischen Sein und damit jene kosmische Entwicklung, die bis zur physischen RaumZeit herunterreicht.

Durch

$$\Omega_{Ia} =_b T_5 \qquad (1.10.3\text{-}31)$$

wird in der Zukunft ein neuer transphysikalischer Raum entstehen, der aus dem Licht besteht, das aus der Verschmelzung des einstigen „Ist-Nicht" mit k_3 und k_2 als Substanz und Bewegung hervorgeht. Auf diese Weise ist *(1.10.3-1)-(1.10.3-31)* ein Entwicklungszyklus des Wandels (*I Ging*).

Die Wirksamkeit *(1.10.3-30)* wird im Folgenden als mengentheoretische **Gleichheit G** bezeichnet.

6. Elementsatz zur Null: Die Gleichheit A, B, C, D, E, F und G ist Element der Identität (1.10.3-32) Ω_{la} ={A;B;C;D;E;F;G}$_0$, und beendet den Entwicklungszyklus der Erde als k$_4$.

Der Naturwandel Ω_{la} ist der Inbegriff jenes Wandlungsprinzips, das gemäß Richard Willhelm das Leitmotiv der chinesischen Naturphilosophien ist und dessen „Sinn" (Richard Willhelm über das Tao) sich über den „Weg" (Viktor Kalinke über das Tao) des *„Ist-Nicht"* zum identischen Sein als das eigentliche „Ziel" der „Weltvernunft" (Joseph Kohler über das Tao) erweist. Vom „Drachen", der aus sumpfigen Gewässern an Land gelangt (Hellmut Wilhelm über das K`ien-Hexagramm des *I Ging*), über den Phönix, der sich aus der Asche erhebt: Die Erhebung des *„Nicht" „Nicht-Ist"* und *„Ist-Nicht"* zum identischen Sein ist das Tao als neue Welteinheit und Ausdruck eines universellen Mythos. Als Logos des Seins ist dieser Weltenmythos zugleich die Gedankenwelt der Natur, die dem reinen Denken als Logik, Mathematik, Geometrie und Physik zugänglich ist. Da der Taoismus als Wissenschaft auf den universellen Regeln und Gesetzen der Logik gegründet ist, zeigt er das Tao als Einheit im Sinne einer zukünftigen Weltkommunikation bzw. als eine Art Weltplattform des Geistes, die einen echten und fruchtbaren Austausch erneuerter naturwissenschaftlicher Fachrichtungen erlaubt.

Nach sowohl taoistischer als auch neo-konfuzianistischer Auffassung ist das Tao als Sein aus dem *„Wuji"*, hervorgegangen."Wu is a negation, roughly an equivalent to 'there is not' ... ji is literally the ridgepole of a peaked roof."[69] Die Bedeutung von „Dachfirst" („ridgepole of a peaked roof") einmal beiseite, bedeutet 'there is not', mit Bezug auf den Dachfirst also eine räumliche Referenz und somit eine Bezeichnung für einen Nicht-Ort, *(1.7-10)*-$_n$ $log\tau_\square$⟹LA_3 ↔ $_D$[ ]$_D$, das eleatische *„Ist-Nicht"*, das gemäß Zhou Dunyi (*1017; †1073), dem Begründer des Neo-Konfuzianismus, zum *Wuji er Taiji* wird, dem nach Einheit strebenden Sein, das das *Wuji* durchdringt und es zum identischen Sein durch

---

[69]"Adler a. a. O. (20).

Wandel erhebt. Damit hat Zhou Dunyi den Tatbestand von T_4 exakt umrissen. [70]
Die ersten Sätze des *daodejing* sind: „Über das Tao zu sprechen ist möglich,/doch nicht als gleichbleibendes Tao/Einen Namen zu nennen ist mög-
lich/doch nicht als gleichbleibender Namen....Namenlos, Nichts genannt/ des
Himmels, der Erde Beginn/ zu Dasein gekommen, benannt/der zahllosen Dinge
Mutter."[71] Die ersten beiden Strophen weisen auf das Yin- und Yang-Prinzip
und seinen Zerfall hin. Die dritte Strophe weist auf die sieben Elementsätze zur
Null hin und auf die Tatsache, dass das Nichts diesen Elementsätzen nicht angehört („Namen" = die nicht-arithmetische Buchstaben-Mathematik der Elementsätze zur Null. „Namenlos" = Nicht-Zugehörigkeit zu diesen Sätzen). Die
vierte Strophe weist darauf hin, dass das mit dem jetzigen Universum zusammenhängende kosmische Zeitalter mit dem Erscheinen des Sein im Nichts begründet wird (vgl. dazu die mathematische Untersuchung der ersten Sätze des
Prologs des Johannesevangeliums in Kapitel 1.10.5). Die fünfte Strophe weist
auf das dritte Null-Positiv hin, aber auch auf die unten zu besprechende Identität Ω_{II}. Die sechste Zeile ist die Kurzform des 42. Kapitels und weist, inklusive
Ω_{II}, auf den gesamten Prozess *(1.10.3-1) - (1.10.3-32)* hin, womit sich der Kreis
schließt und das Tao (der Logos) somit über sich selbst so spricht, wie es selbst
in Yin und Yang *ist* (der Kreis, der durch die Strophen als Summe gebildet wird
$=_b$ die Null als Seinsweise des Tao) und damit eine unausgesprochene siebte
Zeile als Ausdruck einer reinen Gedankenmathematik (zeichenlosen Mathematik) entsteht, die die Einheit des Logos als Natur und Gedankennatur ausdrückt
und zugleich als stumme Pforte für den erkennenden Menschen dient, hinter
der sich dem erkennenden Geist die Welt des Tao eröffnet.

Bereits in der gewöhnlichen Arithmetik gibt es die Schreibweise $1_a \times 1_b = 1$.
Mit „1_b" ist „das Gleiche" gemeint, und man kann deshalb auch *(1.10.3-33)* 1_a
$\times = = 1$ bzw. *(1.10.3-34)* $1_a \times \Omega_{IIn} = 1$ schreiben, wobei Ω_{IIn} = Identität „der vielen

---

[70]. Vgl. Zhou Dunyi (1876). Vgl. auch Adler a.a. O. (20). Zur Bedeutung des *I Ging*: "Nearly all
that is greatest and most significant in the three thousand years of Chinese cultural history
has either taken its inspiration from this book (I Ging, d. Verf.), or has exerted an influence
on the interpretation of its text. Therefore it may safely be said that the seasoned wisdom
of thousands of years has gone into the making of the *I Ching*. Small wonder then that both
of the two branches of Chinese philosophy, Confucianism and Taoism, have their common
roots here." Wilhelm, R., in: *http://www.iging.com/intro/introduc.htm#2*.
[71] Übersetzung von Viktor Kalinke (1996) S. 6f.

Dinge." In der eleatischen Mathematik wird die 1 ebenfalls so definiert,[72] wobei n = 1, 2, 3, ... dort für die Anzahl der unterschiedlichen Identitäten steht, aus welchen ein Inhalt der physischen RaumZeit gebildet ist. Für einen Baum lässt sich beispielsweise in gröbster Vereinfachung *(1.10.3-35)* $1_B \times \Omega_{IIBn}\{\Omega_{b1} \times \Omega_{b2} \times \Omega_{b3} \times \Omega_{b4}...\} = 1_B$ = *Identität* Baum schreiben, mit Ω_{IIB1} = Sprössling, Ω_{IIB2} = Wurzel, Ω_{IIB3} = Stamm, Ω_{IIB4} = Blätter etc. [73]

Die Ω_{II}-Identitäten sind in taoistischer Tradition wie folgt gegliedert:

1. Die Erscheinung des Gleichen im Vielen (Ein Tier ist auch eine Pflanze und ein Mineral);

2. Die Erscheinung des Vielen im Gleichen (die Vielfalt des Baumes aus einem Sämling als Metamorphosen des Gleichen);

3. Die Erscheinung des *Einzigen* im Vielen und Gleichen (jeder Mensch ist aufgrund seiner Ich-Identität einzig);

Das Erscheinen der Ω_I bzw. Ω_{II}-Identitäten im $0_\square$-Nichts ist ein unbeschreiblicher Opfergang, die höchste dem gegenwärtigen Menschen zugängliche Eschatologie des Seins. Dieser Opfergang ist nicht dazu angetan, den Menschen zu erniedrigen. Das Gegenteil ist der Fall. Die volle Menschenwürde liegt in diesem Opfergang, oder besser gesagt: Menschenweihe. Denn der Mensch ist nicht nur Element dieses Opfergangs, sondern Mitgestalter des Erdenschicksals.

Die westlichen Naturwissenschaften, inklusive die Schulmedizin, sind der Auffassung, sie könnten über analytische Verfahren, d. h. aber: Teilungs- und Trennungsprozesse, ein modulares Kausalmodell zur Erklärung irgendeines Ω_{II}-Inhalts der RaumZeit aufstellen, das dann als Summe der Module das Ganze repräsentiert. Die Grenzwertfunktion *(1.10.3-36)* $\tau_a \times \Omega_{bn}$ [[-]] = [$0_\square$+ $\tau_\square$]] τ_b = [$0_\square$ + $\tau_\square$] zeigt aber, dass das, was die Dinge zu dem macht, was sie sind, ihre Identität, sich bei jeder Form von analytischer Untersuchung aus der physischen

---

[72] de Redmont a. a. O., S. 88.
[73] Ebenda.

RaumZeit hinter die Linie der mimetischen Null zurückzieht, sodass z. B. die Molekularbiologie mit jedem Schritt, mit dem sie näher an das mikroskopische Untersuchungsgebiet der Atomphysik rückt, den Fundus an Ω_{II}-Naturidentitäten durch analytisch induzierte Grenzwertbildungen laufend verringert und sie ihren Untersuchungsgegenstand am Ende nicht nur verliert, sondern vor allem aus dem zum Nichts zerfallenden Teilen wegen der nicht mehr zurückzugewinnenden Identitätenfolge keinerlei Rückschlüsse auf die Funktionsweise des Gesamtsystems ziehen kann, weil sich das Gesamtsystem aufgrund der 0_{II}-Grenzwerte niemals aus der Summe analytischer Teilschritte rekonstruieren lässt. Dies ist auch der Grund dafür, warum aus keiner mikroskopischen Größe je ein makroskopischer Tatbestand abgeleitet werden kann. Durch die analytische Methode entsteht Teilwissen als Stückwerk, das stets unvollständig und wegen des laufenden Ersatzes von Ω_{II}-Identitäten durch die mimetische Null auch widersprüchlich ist, sodass über den analytischen Forschungsansatz und alle durch ihn bestimmten Wissenschaftszweige gesagt werden muss, dass sie inkonsistente wissenschaftliche Theorien über die Natur enthalten.

Bei all der grundsätzlichen Kritik an den „rationalen" Wissenschaften werden die Beiträge, Einsichten und Erfolge naturwissenschaftlicher Theorien, die keine Theorien über Raum und Zeit enthalten, oder Aussagen über das dreigliedrige Sein machen, keineswegs bestritten. Es gibt ihn, den technischen Fortschritt, der höchst nützlich und segensreich ist. Beispielsweise - und es gibt hunderttausende dieser Beispiele - ist es, und dies gilt auch für den TCM-Therapeuten - absolut notwendig, nützlich und hilfreich den Aufbau von Zellen, und Zellorganellen (Zellmembran, Zellmythoplasma, Zellkern, Genetik etc.), Proteinsynthese, Mitose, passiver und aktiver Zelltransport etc. pp. zu kennen und über biomolekulare bzw. neurophysiologische Prozesse und Abläufe Bescheid zu wissen und neben der eigenen Phytotherapie auch über wesentliche pharmakologische Kenntnisse zu verfügen. Über all dies, und es gilt ebenso für die Chemie, Biowissenschaften und, was andere Berufsfelder angeht, Ingenieurwissenschaften, verfahrenstechnische Wissenschaften, Informatik etc. ist im Grunde kein einziges Wort zu verlieren. Einzig Behauptungen der Art „die Zelle *ist* die Summe ihrer analytisch gewonnenen Einzelteile", oder „der Mensch *ist* im philosophischen Sinn *nicht* Geist-Seelen- und Willen begabt, sondern die Summe neuronaler bzw. synaptischer Prozesse bzw. Verschaltungen des Gehirns und all seiner sonstigen Funktionen" (basierend auf dem Libet-Versuch von 1979), sind als angeblich wissenschaftliche Thesen strengstens zurückzuweisen und zwar nicht im Sinne der Widerrede gegen die Wissenschaft per se, sondern, im Gegenteil, um sie zu retten. Denn nicht nur sind diese Aussagen in keinster Weise im Sinne minimaler wissenschaftsmethodischer Anforderungen an (natur)wissenschaftliche Beweissätze gesichert, sondern sie werden z. T. gemacht, um gesellschaftspolitische Veränderungen zu fordern (Beispiel: „neurorechtlich" motivierte Strafrechtsreform - wo es keinen freien Willen gibt, gibt es auch kein persönliches Verschulden) bzw. staatliche Forschungsgelder zu akquirieren oder sonstige wissenschaftsfremde Zwecke zu verfolgen. Der Vormarsch *gehypter* angeblich wissenschaftlicher Neuerkenntnisse und *gefakter* Versprechen ist im Zuge der allgemeinen nihilistischen Auflösungs- und Auflassungserscheinungen der gegenwärtigen Zeitepoche unübersehbar.

Die Ausdrücke und Gleichungen *(1.10.3-1)-(1.10.2-36)* werden im Folgenden als System P_{16} bezeichnet.

10.4 Anti-Logische Elemente im Taoismus

Zusammenfassung: Die Anti-Logik - die Auslöschung des eleatischen „Nicht-Ist", „Ist-Nicht" und *Nichts* durch meta-theoretische Logische Aussagen, siehe *(1.6.1-15) - (1.6.1-17)* – ist kein alleiniges Privileg der westlichen Mathematik, Physik und sonstiger Naturwissenschaften. Die Anti-Logik ist die Verneinung des Seins als Bewusstsein und dessen mimetischer, „mimikretischer" und „nemetischer" Ersatz durch ein Scheinsein. Der Anti-Sinn der Anti-Logik ist die Vereinnahmung des Seins durch die sich in Zerstörungsoperatoren zeigende Weltverneinung, die, weil sie sich selbst zerstört, als *Nichts* endet. Symbol dieser Anti-Schöpfung ist der *Ouroboros*, die sich selbst fressende Schlange. Solange das menschliche Bewusstsein Mimesis, Mimikry und Nemesis der Weltverneinung verneint - und bei keiner Bewusstseinsform stellt sich diese Verneinung schneller ein als bei religiösen und wissenschaftlichen Weltanschauungen, die aus ihren keinen Beweisverfahren unterliegenden Hypothesen Ansprüche auf „Wahrheit" ableiten -, ist es Gegenstand der Entkernung durch die Verneinung des Seins als Wirkung im menschlichen Bewusstsein. Denn die Logischen Aussagen in der Natur und die meta-Logischen Aussagen der Anti-Logik im menschlichen Bewusstsein sind, als Monismus der Weltverneinung bzw. Weltunwahrhaftigkeit in seinen vielfachen Varianten, ein und dasselbe. Selbst der, der nach Sternen greift, dabei zugleich aber die eigenen Abgründe leugnet, verfällt bis zum Bewusstseinsnichts. Das ist eine kulturanthropologisch immer wieder von neuem zu beobachtende Tatsache und muss deshalb - als eine Art *Weltgesetz der Kulturvernichtung* - als wesentliche Grundlage einer zukünftigen Theorie der Kulturanthropologie des Post-Nietzsche-Zeitalters aufgefasst werden. In diesem Sinne ist der Verfall des Taoismus in Form des Taiji-Ordnungsschemas, basierend auf den die Kosmologie der chinesischen Naturphilosophien - im Wesentlichen: Taoismus und Neo-Konfuzianismus - begründenden Hexagramme *K`ien* und *K`un*, ein mathematisch bis ins letzte Detail nachzuvollziehendes und daher an Präzision nicht zu überbietendes Beispiel für die Bewusstseinsentkernung durch die Anti-Logik.

Richard Wilhelm (*1873; †1930), deutscher Erstübersetzer des *I Ging* und international anerkannter Sinologe, bemerkt über die reduktionistischen und spekulativen Vielfachinterpretationen der Zeichen, Diagramme, Trigramme und Hexagramme des *I Ging*, die während der *Ch'in* und *Han* Dynastien (zweite Hälfte des 3. Jahrhunderts v. Chr. bis ca. 220 n. Chr.) begannen und sich über Jahrhunderte fortsetzten, dass eine lebendige chinesische Naturphilosophie einer mechanistischen Zahlenmystik gewichen sei, die den eigentlichen Bedeutungsgehalt des *I Ging*, so lässt sich Wilhelms Auffassung zusammenfassen, zugeschüttet, verwässert und zerfranst hat.[74] Im Folgenden wird gezeigt, dass dieser Bedeutungsgehalt unter Berücksichtigung der aus dem 42. Kapitel des *daodejing* abgeleiteten Systeme P_{13} und P_{15}-P_{16} aus dem Taoismus, soweit das fälschlicherweise als „Taiji" bezeichnete Ordnungsschema der Zeichensprache des *I Ging* gemeint ist, vollständig eliminiert wurde, sodass der Taoismus in dieser Form anti-logisch ist und - gemessen am eleatischen Tertium non datur - somit das gleiche Niveau der mimetischen Umkehrung der Tatsachen repräsentiert wie die westliche Mathematik und Physik (Universalimus der Götzenanbetung).

Soweit aus dem menschlichen Bewusstsein Logik und Anti-Logik als in mathematische Sprachen transformierte Gedanken hervorgehen, handelt es sich um eine meta mengentheoretische Äquivalenzbeziehung. Es gilt:

1. $S =_a G$, mit S = Subjekt und G = Gedanken über die Natur (das Ich erlebt sich als Gedankentätigkeit, die Ergebnisse dieser Tätigkeit, die Gedanken, sind gleich dem Subjekt, weil beide, Gedanken und Subjekt, aus mengentheoretischen Zuordnungen entstehen).

2. $\{ \}_S =_a \{ \}_G$ (als mengentheoretische Zuordnungen sind S und G symmetrisch).

3. *a)* $G =_a S$; *(b)* $S = N$; *(c)* $G =_a N$; *(d)* $N =_b G$, wobei N = Natur.

Die Transitivität von Punkt drei zeigt in *(c)*, dass die Gedanken über die Natur und die Natur selbst eine Äquivalenzbeziehung sind, wobei Reflexivität, Symmetrie und Transitivität dieser Äquivalenzbeziehung in *(d)* dahingehend zusammengefasst sind, als die Natur aus Gedanken hervorgeht und umgekehrt alle Gedanken als Naturpotential in der Natur ruhen. Vorläufig besteht dieses Potential, was den Menschen betrifft, nur im Erkenntnisakt des Subjekts, das die Natur als Gedanken hervorbringt. Dieser mathematisch-monistischen Auffassung über die Natur des Bewusstseins folgt in Kapitel 1.10.6 der Nachweis, dass es sich dabei zugleich um einen physikalischen Tatbestand handelt. Die Leib-Seele-Konstruktion der westlichen Philosophie ist eine ungültige philosophische Theorie. Es gibt keine materielle Welt - neben?, in?, über? - der es ein immaterielles seelisch-geistiges Sein gibt. Dieses seelisch-geistige Sein ist mitnichten immateriell. Seine Materialität - mit der Masse der *TST* nicht zu verwechseln! - ist nur von ganz anderer Beschaffenheit als die physische Materie. Vor diesem Hintergrund erweist sich die Leib-Seele-Konstruktion der westlichen Philosophie als apokrypher scholastischer Realismus, als ein Spätalbtraum jener fehlgerichteten Geistesart, die einen Streit über die Frage, wie viele Engel auf einer Stecknadel Platz finden, hervorbringen konnte und Absurditäten dieser Art als Gelehrsamkeit ausgab.

---

[74] Wilhelm, R. a. a. O.

Da es zwischen Sein und Bewusstsein nur einen morphologischen Unterschied gibt und sie somit *in re* eins sind[75], ist das eleatische Tertium non datur von *(1.6.1-14)* das Sein als Bewusstsein von sich selbst und die Anti-Logik von *(1.6.1-17)*, das mimetische Tertium non datur der westlichen Logik, nichts anderes als die Auslöschung des Bewusstseins und somit Anti-Bewusstsein. Dass dieses Anti-Bewusstsein kein Privileg des westlichen Denkens, sondern universelle Erscheinung des Anti-Logos im menschlichen Denken ist, zeigt insbesondere jenes aus der Zeichensprache des *I Ging* abgeleitete Schema des degenerierten Taoismus, das als „Taiji" bekannt geworden ist. In dieser Beziehung handelt es sich um das chinesische Pendant zu den „rationalen" westlichen Wissenschaften.

Bevor auf dieses angeblich das Taiji repräsentierende Schema eingegangen wird, sind noch einige weitere Fragen zu klären. Die erste dieser Fragen betrifft die historische Deutung der Zeichensprache des *I Ging* als Mathematik. Was die diesbezüglich aus dem Westen stammenden Interpretationen der Zeichensprache des *I Ging* angeht, folgte man im Wesentlichen der Auffassung Gottfried Wilhelm Leibniz`[76], (*1646; † 1716), der bereits ca. 1676 die These vertrat, dass es sich bei den Zeichen des *I Ging* um Symbole für ein binäres Zahlensystem handle, suchte er doch nach einer Möglichkeit, seine eigene binäre Zahlentheorie ontologisch abzusichern. Die Grundlage binärer zahlentheoretischer Interpretationen der Zeichen des *I Ging* ist die Zuordnung von *0* und *1* zu der durchgezogenen bzw. unterbrochenen Linie des Taiji (oberste Zeichenebene, siehe *3* unten) und die weitere Zuordnung dieser Linien zu Yin und Yang. Diese Theorie ist mit Verweis auf P_{14} - P_{16} widerlegt. Wie insbesondere die Division *(1.7-3)-(1.7-4)* zeigt, ist die durchgezogene Linie in Verbindung mit einer unterbrochenen Linie gleicher Gesamtlänge ein Symbol für die Tätigkeit von Zerstörungsoperatoren „$-_{□}$" und damit den der Null und aller aus ihr folgenden natürlichen Zahlen (also auch der Zahl 1) entgegenstehenden *„Nicht-Ist"*, *„Ist-Nicht"* und *Nichts*.

---

[75] "Denn nicht ohne das Seiende, in dem es als Ausgesprochenes ist, kannst Du das Denken antreffen." Parmenides, Altheia, 8.35.
[76] Mc Kenna/Mair (1979) S. 425 ff.

Das fälschlicherweise Taiji genannte, aus den Zeichen des *Zhōu Yi* (dem älteste Teil des *I Ging*[77]) entwickelte Zeichenschema, das aus den beiden grundlegenden Hexagrammen *K`ien* und *K`un*, acht Trigrammen, vier Diagrammen und der fälschlicherweise als Yang-Zeichen bekannten durchgezogenen Linie bzw. der fälschlicherweise als Yin-Zeichen bekannten unterbrochenen Linie besteht (siehe *Diagramm 4* unten), ist anti-logisch und zeigt die Degeneration des Taoismus.[78] Die meisten als Taiji zusammengefassten Zeichenschemen des *I Ging* beruhen auf dem *Chou* (was die Präzedenzordnung der beiden Hexagramme *k` ien* und *k`un* angeht) und sind nach der Paarungsordnung des *p`ang-t`ung* im System *Shao Yung* aufgebaut.[79] Diesem Aufbau wird auch hier gefolgt.

Das unten dargestellte Zeichenschema stellt nicht das Taiji („höchstes Grundprinzip"[80]), sondern die Logischen Aussagen der Kapitel 1.6.1, 1.6.2. und 1.7, einschließlich der Selbstauslöschung der Zerstörungsoperatoren „-$_\Box$" von *(1.7-8)*, dar, die naturphilosophisch nichts anderes ist als die sich selbst fressende *Ouroboros-Schlange*[81] und die nichts anderes hinterlässt als das $0_\Box$ *Nichts*, und damit das Anti-Sein als logische Aussage. Dies geht im Detail aus den in *Diagramm 4* durch Klammern und Pfeile gekennzeichneten Übereinstimmungen zwischen bestimmten Ausdrücken und Gleichungen aus den oben genannten Kapiteln mit den Zeichensymbolen von *Diagramm 4* hervor. Damit ist anhand der besagten Zeichensymbole zugleich gezeigt, dass es sich bei den Zeichen des *I Ging* um meta arithmetische und meta mengentheoretische Zeichensymbole handelt, sodass das *I Ging* als urarithmetisches und ur-mengen-

---

[77] Das Zhōu Yi besteht aus 64 Gruppen von je sechs durchgehenden oder unterbrochenen Linien (Hexagramme). Die Hexagramme des Zhōu Yi haben eine durchaus vielfältige Bedeutung (u. a. sind sie - dem Tarot nicht unähnlich - Orakelsprüchen zugeordnete Symbole).

[78] „Taiji" bedeutet wörtlich Dachfirst („ridgepole" vgl. Adler a. a. O. (20)) und symbolisiert das Dreieck, aus dem der Kreis hervorgeht (vgl. P_{14}) und damit Yin und Yang (vgl.P_{13} und P_{15}-P_{16}). „Wuji" bedeutet also inhaltlich in diesem Zusammenhang: Die Zerstörung der Kreiskräfte (Yin und Yang) und die Entwicklung der Logischen Aussagen bis hin zum *Nichts*. Man muss in diesem Zusammenhang vom Zerfall des Yin- und Yang-Prinzips, und die sich daraus ergebende Konsequenz, nämlich dem Herabfall des Yang zu einer zerstörerischen Kraft, die das degenerierte Yin vernichtet, sprechen.

[79] Vgl. Mc Kenna/Mair (1979) S. 421 f.

[80] Maciocia a. a. O., S. 5.

[81] Die grafische Darstellung wurde von *http://en.wikipedia.org/wiki/File:Ouroboros-simple.svg* übernommen.

theoretisches Lehrbuch zu betrachten ist, das zugleich, P_1-P_{16} entsprechend, Physik und Kosmologie ist. Dass das *I Ging* insgesamt mit dem unten abgebildeten Zeichenschema keineswegs zu verwechseln ist, zeigt nicht nur dessen physikalische Vollendung durch Laozi, sondern auch die moderne Sinologie, die sich von den von Richard Wilhelm festgestellten Verfremdungen des *I Ging* nicht vereinnahmen ließ, sondern sich an die ursprünglichen Quellen in hermeneutischer Klarheit gehalten hat. Dazu wird, dieses Kapitel abschließend, noch eine Bemerkung zu Hellmut Wilhelm (*1905; †1990), Sohn Richard Wilhelms und in den USA lehrender und weltweit zu den führenden Sinologen seiner Generation zählender Kenner des *I Ging*, erfolgen.

Da jede Anti-Logik zunächst darin besteht, die Begriffe des Seins zu vereinnahmen und zu entkernen (siehe den als Tertium non datur bezeichneten Ausdruck *(1.7-8)*) und die Anti-Logik somit Mimesis, Mimikry und Nemesis des Seins darstellt (das Anti-Bewusstsein füllt sich mit den Begriffen des Seins zum Scheinsein), wurde das unten abgebildete Zeichenschema in anti-logischer Konsequenz über Jahrhunderte als „Taiji" bezeichnet. Der Anti-Logik wird hier selbstverständlich nicht gefolgt, sondern das Schema wird als das bezeichnet, was es, verstanden als eleatischer Ablauf, vom *„Nicht-Ist"* ausgehend bis hin zum *„Ist-Nicht"* und zur Selbstvernichtung von *(1.7-8)* tatsächlich darstellt, nämlich das *Nichts*.

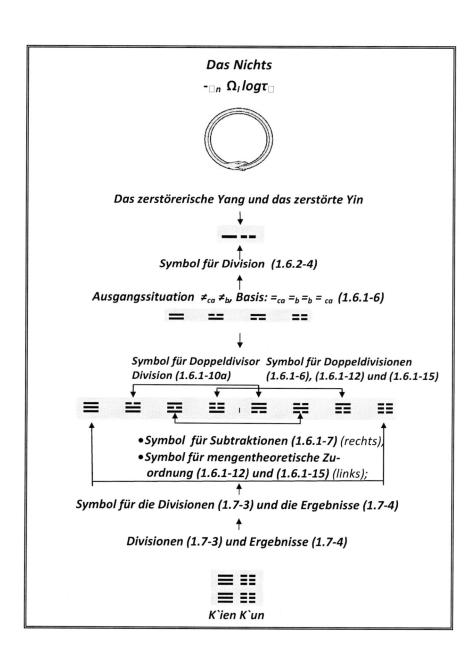

Diagramm 4: Das Taji als Ouroboros

Die Vereinnahmung des Seins durch den Anti-Logos betrifft nicht nur die Titel-bezeichnung „Taiji" (statt „Nichts"), sondern auch alle Folgebezeichnungen:

1. Die Zeichen für das degenerierte Yin und degenerierte Yang, die korrekter-weise als „-$_n$ bzw. $log\tau_\square$ (degeneriertes Yang) und -{-$_\square$};-{-$_\square$}; bzw. ebenfalls $log\tau_\square$ (degeneriertes Yin) angegeben werden müssten (die Strichzeichen vor den runden Klammerungen der Yin-Zeichen Elemente müssen gegenüber den Zerstörungsoperatoren als halb so groß gedacht werden).

2. Bei den für die Diagramme verwendeten Begriffen *Shao Yin, Tai Yin, Shao Yang, Tai Yang* handelt es sich um die anti-logische Vereinnahmung der Na-tur als Jahreszeiten und damit als *Zeit*.

3. Bei den für die Trigramme verwendeten Begriffen *Qian* (Himmel), *Kan* (Was-ser), *Gen* (Berg), *Shen* (Donner), *Xun* (Wind), *Kun* (Erde), *Dui* (Teich) handelt es sich um die anti-logische Vereinnahmung der Natur als Elemente und damit als *Raum*.

Diagramm 4 zeigt somit nicht das „höchste Grundprinzip" (Taiji), sondern die *Herrschaftsphantasie* der Anti-Logik über die Natur, die in Form des menschli-chen Anti-Bewusstseins (vor)gedacht wird.

Demgegenüber steht die Auffassung Hellmut Wilhelms, der in den ersten beiden Hexagrammen des *Zhōu Yi, K`ien* und *K`un*, jene kosmologische Konno-tation des Wandels enthalten sieht, die zum „Sinn" als Eschatologie bzw. Rein-tegration des „Nicht-Ist, und „Ist-Nicht" ins Sein führt,[82] was vollständig in

---

[82] "The first two lines of the hexagram (das *K`ien*, d. Verf.) show the dragon (der als *(1.8.3)* bzw. Grenzwert $log\tau_\square$ nicht mit dem *Ouroboros* - vgl. Hornung (2002) S. 163 f. -, der sich selbst verzehrenden Schlange, die in P_{11} in Form von *(1.7-9)* -$_\square\Omega_l$ $log\tau_\square$ dargestellt ist, zu verwechseln ist) in his original element: Submerged in water (der Metapher für das aufge-löste Sein, bzw. „Nicht-Ist" d. Verf.) and appearing in wet fields (dem eleatischen „Ist-Nicht", d. Verf.); towards the end of the day (die Eschatologie des „Ist-Nicht" als makrokosmischer „Tag", d. Verf.), the dragon`s progress then leads him unto dry land (das dritte Null-Positiv in Kapitel 1.10.3 d. Verf.) ... he is however stirred into 'creative' action (der Quantitas als Mas-se-Positiv in T_1, siehe abermals Kapitel 1.10.3, d. Verf.) and eventually soars up into the sky, conquering for himself another empire (der Aufstieg zum identischen Sein in T_4, siehe ab-schließend nochmals Kapitel 1.10.3, d. Verf.). The derived meaning of *K`ien* would then be a

Übereinstimmung mit Laozi`s, im 42. Kapitel des *daodejing* enthaltener, Weiterentwicklung des *I Ging* als Physik (Yin und Yang) und eschatologische Kosmologie steht.

Den eschatologischen Kern des *I Ging* und des *daodejing*, nämlich Natur und Kosmos als Wandlungsgeschehen im Sinne der Reintegration des gefallenen Seins zu begreifen, also das Heil- und Heilungsgeschehen in seiner aller ursprünglichsten Form - hat die Anti-Logik in Form des fälschlicherweise Taiji genannten Schemas in purster mimetischer Manier ausgelöscht. Im folgenden Kapitel wird gezeigt, dass nicht nur die Anti-Logik universell ist, sondern auch der Logos im Sinne der oben genannten Eschatologie. Laozi `s Physik des Wandels (*TST*) trifft sich in T_5 mit der Mathematik der ersten Sätze des Prologs des Johannesevangeliums.

10.5 Die Sprachmathematiken des Tao und des Johannesevangeliums

Zusammenafssung: Die sechs Elementsätze zur Null von Kapitel 1.10.3 stellen eine Mathematik dar, die jenseits der Arithmetik liegt. Dieser Mathematik wurden Buchstaben zugeordnet, die ja Glieder des gesprochenen und geschriebenen Wortes sind. Es wird nun gezeigt, dass der Prolog des Johannesevangeliums nicht nur eine ebensolche Mathematik enthält, sondern dass diese Mathematik genau jene Kosmologie beinhaltet, die in Kapitel 1.10.3 beschrieben wird. Diese Kosmologie geht auf das 42. Kapitel des *daodejing* zurück, wo ähnlich wenig Worte fallen wie bei Johannes dem Evangelisten. Aber aus den Worten dieser überragenden Persönlichkeiten entfaltet sich ein ganzer Kosmos als Wortgewalt des Logos. Dieser Logos kennt keine Grenzen zwischen Ost und West, Wissenschaft, Philosophie und Religion. Es ist das Wort des Einen Sein, das den Wandel des Chaos und seine Erhebung zum identischen Sein lenkt und führt. Dieses Sein ist das *heilbringende Sein*, das im Christentum der Heilige Geist genannt wird.

---

frightening experience leading to creative action, or more precisely, the germinating point of a creative resolve." (Die Eschatologie der *TST*). Wilhelm, H. (1959) S. 275.

Die Brücke zwischen der Logos-Sprache Laozi`s und derjenigen des Johannes wird durch die Ergänzung und Umwandlung der Mathematik der Identität, *(1.5-16)* $\Omega_I =_{a1} [=_{a**}][=_{a*}]$, errichtet. Zunächst wird *(1.5-16)* auf $\Omega_I [=_{a**}][=_{a*}]=_{a1}$ umgestellt und dann zu $\Omega_I [=_{a**}][=_{a*}] = _{a1} =_{a2}$ erweitert. In der Form *(1.10.5-1)* Ω = $=_i =_{ii} =_{iii}$ ergeben sich folgende Meta-Gleichheiten, die zu weiteren Sätzen über die Identität führen (*„Identitätssätze"*):

Satz I: Die Identität ist die Gleichheit von „$=_i$" und „$=_{iii}$", *(1.10.5-2)* Ω = A, *(Gleichheit A)*.

Satz II: Die Identität ist die Gleichheit von „$=_{ii}$" mit „$=_i$" und „$=_{iii}$", *(1.10.5-3)* Ω = B, *(Gleichheit B)*.

Satz III: Die Identität ist die Gleichheit mit den Gleichheiten A und B, *(1.10.5-4)* Ω = A $=_{a3}$ B.

Satz IV: Die Identität ist die Gleichheit von A und B, ausgedrückt durch „$=_{a3}$", *(1.10.5-5)* $\Omega =_{a4}$ ACB *(Gleichheit C)*.

Satz V: Die Identität ist die Gleichheit der Gleichheiten A, B, C mit ihr selbst als Operand, ausgedrückt durch „$=_{a4}$", *(1.10.5-6)* Ω DACB *(Gleichheit D)*.

Auf der Basis der Identitätssätze ergibt sich die Mathematik des Prologs des Johannesevangeliums wie folgt:

Im Anfang war das Wort
{W}A,

mit *W* = Wort und *A* = Anfang

und das Wort war bei Gott

{WG}A,

mit *G* = Gott

und Gott war das Wort

$\{W = G_2 = G_1\}A$

Unter Berücksichtigung von Satz *VI* der Identitätssätze lässt sich dieser Ausdruck auch als $A = W = G_2 = G_1$ schreiben, wobei diese Gleichung sechs Meta-
Gleichheiten enthält, die wie folgt abgeleitet werden:

$A = W$
$W = G_2$
$G_2 = G_1$
$W = G_1$
$A = G_2$
$A = G_1$

Die Meta-Gleichheiten ergeben sich beispielhaft durch $=\ =A = W$ und es gilt
entsprechend:

$=_1\ =\ =_2$ *Gleichheit A*
$=_2\ =\ =_3$ *Gleichheit B*
$=_3\ =\ =_4$ *Gleichheit C*
$=_2\ =\ =_4$ *Gleichheit D*
$=_1\ =\ =_3$ *Gleichheit E*
$=_1\ =\ =_4$ *Gleichheit F,*

sodass das meta-mathematische Gleichheitssystem

ABCDEF

gilt. Wegen *ABCDEF* heisst es:

Das Selbe (die Gleichheiten) war im Anfang bei Gott

$G\{A;\ B;\ C;\ D;\ E;\ F\}$

Dieser Ausdruck zeigt, dass Gott selbst eine Identität und Menge ist, weswegen

Ω_G {A; B; C; D; E; F ...},

mit Ω_G = Gott und ; B; C; D; E; F ... = Δ^* (das Selbst als Summe der in Gott existenten Gleichheiten), gilt.

Alle Dinge sind als das Viele im Gleichen und das Gleiche im Vielen gemacht

$\Omega_G\{M\}$

mit M = Menge (Menge aller gleichen Dinge im Sinne Laozi` s[83] und Georg Cantors).

und von allem, was gemacht ist, ist ohne das Selbst das Nichts gemacht

$$\Delta^* -_\square \Delta^* =_{log} [\Omega_I = \Omega_G] -_\square log\tau_\square$$

(diese Gleichung enthält *(1.7-9)*).

In ihm (im Wort, d. Verf.) *war das Leben*

AB$\{L_e\}$**CDEF**

mit L_e = Leben

Das Leben erhöht die Anzahl an Gleichheiten auf *sieben*, sodass grundsätzlich ab hier

ABCDEFG

gilt.

---

[83] Siehe Kapitel 41 des *daodejing*. Das Viele kommt aus dem Tao = 0 und die Null ist eine Identität.

und das [Leben war das Licht]ₐ [und Leben und Licht]_b [ist der Mensch]_c

$\{L_e = L_i\}W,$

mit L_i = Licht. Die Identität des Menschen ergibt sich mit

$\{\Omega_M = L_e = L_i\}W,$

mit Ω_M = Identität des Menschen. Damit ist sein neues „Kleid" gemäß *(1.10.3-31)* $\Omega_{la} =_b T_5$ gemeint und es gilt

$\{\Omega_M = L_e = L_i\}W =_b \Omega_{la} =_b T_5$

und damit die Gleichheit der Johanneischen Meta Mathematik mit den taoistischen sechs Elementsätzen zur Null.

Die Erscheinung des Menschen nimmt sich in der Luther-Übersetzung wie *en passant* aus. Aber der Erscheinung der menschlichen Identität als Leben und Licht widerspricht Luther nicht (*„und das Leben war das Licht der Menschen"*). Denn der Satzteil „*...das Licht der Menschen"* zeigt, dass das Licht dem Menschen zugehörig ist und diese Zugehörigkeit wird hier so verstanden, dass der Mensch selbst Licht *ist*. Dass er zugleich *Leben* ist, ergibt sich aus Luthers erstem Satzteil (Klammerung *a*). Die Klammerungen *b* und *c* sind also lediglich als Verdeutlichungen bzw. als Textkommentar aus der Logik *AB{L_e } CDEF* zu verstehen.

und das Licht scheint in der Finsternis

$\Omega_M (F),$

(der Mensch als strahlendes Licht in der Finsternis) mit F = Finsternis (Negativ des Lichts).

und die Finsternis hat`s nicht begriffen

(siehe dazu den Yin- und Yang-Zerfall von T_1 - T_4 in Kapitel 1.10.3).

Daraus erfolgen die Lösungen

A. F [-] $\Omega_M = z \rightarrow \{\Omega_M = L_e = L_i\} W =_b \Omega_{la} =_b T_5$

B. $\Omega_M = F - z$ (Zerfall der menschlichen Identität, Johannes der Apokalyptiker).

Die Ausdrücke und Gleichungen dieses Kapitels werden im Folgenden als System P_{17} bezeichnet.

1.10.6 Die Superphysical Spacetimes des Tao

Zusammenfassung: Das 42. Kapitel des *daodejing* enthält nicht nur den Formalismus für die *TST*, sondern auch für die Superphysikalischen RaumZeiten (*SST*), dem Äther- und Astralplan. Diese stellen beide, wie die *TST*, Dreikreise dar. In zur *TST*-Struktur analogen Weise enthalten sie in Bezug auf das organische und menschliche Leben *alle* nicht-transphysikalischen Natur-Positive, sodass der physische Raum k_1 wiederum nur *Wirkung* dieser Natur-Positive ist. Ebenfalls analog zur *TST* werden alle Verbindungen bzw. Wirkungen zwischen den astralen und ätherischen Natur-Positiven und dem organischen bzw. menschlichen Leben über Elementfunktionen $f\{ \}$ gesteuert. Die Physik dieser Elementfunktionen entzieht sich dem menschlichen Verständnis von Wissenschaft. Der Mensch kann z. B. aus seinem Verständnis über den Kreis ein Rad bauen, aber er kann nicht, wie die Ätherintelligenz, aus der Organimagination einen organischen Körper bilden. Ebenso wenig können seine Gedanken Materialisationen schaffen. Dazu fehlt ihnen die Gedankenvollständigkeit des Tao bzw. des Seins. Wozu der Mensch aber in der Lage ist, ist die Wirkungen der Logos-Worte über die Elementfunktionen nachzuvollziehen und allein dies verändert die Diagnostik und Therapie der TCM in toto. Die taoistischen Subtraktionen, die die Raum- und Zeitverhältnisse des Äthers beschreiben, gehen aus der eingefalteten Gleichheit, dem originären Minuszeichen der Arithmetik, hervor, das sich vom abbasidischen Minuszeichen der heutigen Arithmetik unterscheidet (siehe dazu nochmals Kapitel 1.1.2). Dieses Minuszeichen ist super Gödel-konsistent bewiesen (Referenz: de Redmont (2013),Kapitel 1.1.4 und 1.2.1). Die taoistischen Subtraktionen des Astralplans sind Gödel-konsistent bewiesen (Referenz: Die eleatische Farblichttheorie in de Redmont (2010), S. 158 ff.)

1.10.6.1 Definition des Qi

Ein weiteres Gebiet taoistischer bzw. TCM- mäßiger Begriffsverwirrung stellt das *Qi* dar (eine Verbindung aus den kaligrafischen Zeichen für Dampf, Luft, Gas und (ungekochtem) Reis[84]), dessen unterschiedliche Interpretation („Energie", „materielle Kraft", „Materie", „Materie-Energie", „Lebenskraft", „Bewegungskraft", „Vitalenergie", „kosmische Ursubstanz", „Information", „Gedanken- und Willenskraft", „Emotion", etc.[85]) an und für sich jede wissenschaftliche Begriffsbildung bereits im Ansatz ausschließt. Dies nicht zuletzt auch wegen der vollkommen unbegründeten und daher willkürlichen Assoziierung des *Qi*-Begriffs mit Begriffen der anti-logischen westlichen Physik, die wohl mehr einer pseudowissenschaftlichen Andienung an die herrschende Wissenschaftsauffassung geschuldet ist, als einer seriösen wissenschaftlichen Begriffserarbeitung. Eine weitere Schwierigkeit erwächst dadurch, dass, bedingt durch ungültige mathematische Theorien über die Zeichen des *I Ging* („binäre" bzw. „mechanische" Zahlenmystik) und bedingt durch anti-logische Aussagen über bestimmte Zeichen des *I Ging* (*Diagramm 4*, siehe Kapitel 1.10.5) bzw. die unvollständige Beachtung der mathematischen und physikalischen Aussagen des Laozi (42. Kapitel des *daodejing*), das *Qi* Inhalten und Phänomenen zugeordnet wird, die entweder einer ganz anderen Physik angehören (nämlich derjenigen der Transphysikalischen RaumZeiten, *TST*), oder, aus Mangel an einer eigentlichen Physik des *Qi*, über dessen eigentliche Bedeutung theoretisch unhaltbare Aussagen getroffen werden.

Im Folgenden wird gezeigt, dass das *Qi* die Kräfte von Yin und Yang in zwei verschiedenen Superphysikalischen RaumZeiten repräsentiert („*SST*" = *Superphysical Spacetime bzw. Superphysical Spacetimes*) bzw. die Physik dieser RaumZeiten als Raum und Zeit *ist*. Diese Definition des *Qi* geht direkt aus

---

[84] Maciocia a. a. O., S. 39.
[85] Ebenda. Meng/Exel (2008) S. 31.

Laozi`s Vollendung der Kosmologie des *I Ging* durch die Physik von Yin- und Yang hervor, deren Einfluss und Wirken er nicht nur in den als *TST* bezeichneten Verhältnissen von Raum und Zeit erkannte, sondern auch in den *SST*.

Die *TST*, von überragenden historischen Persönlichkeiten wie Parmenides, Laozi, Johannes dem Evangelisten und anderen als eigene Eschatologie erkannt, sind als ein erster Beitrag zu einer von Anti-Logik befreiten physikalischen Begriffsbildung und damit zu einer nicht-materialistischen wissenschaftlichen Kosmologie und Anthropologie aufzufassen, die von sich aus jeder schöpfungsgeschichtlichen Überlieferung bzw. Offenbarung höchste Achtung entgegen bringt[86], aber zugleich jeden allein theologisch begründeten eschatologischen Exklusivitätsanspruch in aller Entschiedenheit ablehnt. Jede auch noch so hochstehende Offenbarungsreligion enthält keinerlei Axiom über die Art und Weise, wie sich das Göttliche bzw. der *Logos* äußert und mitteilt, sonst wäre sie keine Religion, sondern mimetisch-menschliche Gottanmaßung.

Mit der Vollendung der Kosmologie des *I Ging* wurde Laozi zugleich zu einem der führenden Repräsentanten der Naturphilosophien des gesamten hinteren Orients. Die im 42. Kapitel des *daodejing* dargestellte Ontologie „der unzähligen Dinge" enthält Zugang zu den super-physikalischen RaumZeiten *SST*, die, gestützt auf hinduistische und buddhistische Auffassungen, in theosophisch-anthroposophischer Terminologie als Äther- bzw. Astralplan bezeichnet werden. Da dieser Zugang mathematisch-physikalischer Natur ist, ist Laozi hoch aktuell und nimmt unter den „Weisen" (Richard Wilhelm über Laozi) eine einmalige Sonderstellung ein. Die im 42. Kapitel enthaltene Mathematik zeigt, dass sich die Operatorfunktionen des Äther- und Astralplans vom physischen und *TST*-Spektrum ganz wesentlich unterscheiden.

Die Transport- und Bewegungsoperatoren „-", die ganz allgemein aus *(1.10.6.1-1)* $=_c =_b =_a$ mit *(1.10.6.1-2)* $=_c =_b -$ {-} hervorgehen, verändern sich in der aus *(i) (1.9-1a)* gewonnenen Gleichung

---

[86] Was das Christentum betrifft, gilt dies insbesondere für sämtliche Vorträge Rudolf Steiners über die Evangelien, einschließlich dem sogenannten Fünften Evangelium. Diese Vorträge sind nach Auffassung der Autoren als grundlegende Beiträge für die Entwicklung eines zukünftigen Christentums aufzufassen.

$$1-1 = 0 - 1 = 0_a \qquad\qquad\qquad (1.10.6.1\text{-}3)$$

dahingehend, dass die zwei „-"-Zeichen aus *(1.10.6.1-2)* zu einem einzigen (Dickeren, siehe *(1.10.6.3)*) verschmelzen. Wie gezeigt wurde (beispielsweise anhand der Entstehung des Pluszeichens aus dem Gleichheitszeichen, *(1.10.1.1-2a)-(1.10.1.1-2b)*), bewegen die Minus-Operatoren „-" nicht nur Subtrahenden, sondern sie verursachen und verändern auch deren Eigenschaften im Sinne ihrer Eigenbewegungsfähigkeiten (vgl. dazu die Kohäsion und Adhäsion des Pluszeichens, *(1.10.1.1-10)*). Die Indexierung mit „*a*" an der rechten Null hat in diesem Kapitel keine Bedeutung und ist Ausgangspunkt für weitere Definitionen im nächsten Kapitel.

In *(1.10.6.1-3)* findet keine Transportbewegung der Operatoren mehr statt. Der Subtrahend beider Subtraktionen wird „eingeschmolzen" und seine Elemente, *sum: 1*, bilden, was die Yin- und Yang-Kräfte angeht, vollkommene Homogenität aus. Substanz ist bewegte Form, Bewegung ist fließende Substanz als eine Art Goldteppich des Seins. Dieser in sich vollständig homogen bewegte „Teppich" dehnt sich, gezeigt durch die Umstellung

$$1-1 = 0 = 0 \; [+] \; sum{:}1 \to \oplus \{sum{:} \; 1\}, \qquad\qquad (1.10.6.1\text{-}4)$$

durch den Plusoperator in der Null aus, bzw. zieht sich auch wieder zusammen (Kohäsion und Adhäsion). Dies ist die Art und Weise, wie jede ätherische Gestalt ausgebildet ist: Homogene Einheit von Substanz und Bewegung in einem flexiblen Yin- und Yang-Bewegungsspektrum als Elemente der Null. Wir werden darauf im Zusammenhang mit den inneren Organen des menschlichen Körpers und dem Meridiansystem der TCM wieder zu sprechen kommen. An

$$1-1 \; \Omega_I \, 0 - \; sum{:}1 \; \Omega_{II} \, 0_a \qquad\qquad\qquad (1.10.6.1\text{-}5)$$

ist zu erkennen, dass alles organische Leben aus der Einschmelzung der Ω_{II}-Identitäten in die zuvor ausgedehnte Äthersubstanz hervorgeht und die Umwandlung in die materielle Erscheinung über die *TST* in den Händen der Ω_I-Identität liegt. Dem Leben geht eine ätherische Goldschmelze voraus. Zugleich hat man es, wie

$$1 - sum{:}1 \; \Omega_I \; 0 - sum{:}1 \; \Omega_{II} \; 0_a \qquad\qquad (1.10.6.1\text{-}6)$$

zeigt, mit einer Wechselwirkung zu tun, denn durch die Physik der *TST* (Masse und Entropie) wird das Äthersystem in den Verschleiß der Logischen Aussagen gezogen, was einen kontinuierlichen Erneuerungszyklus nach sich zieht.

Der Äther wird im Folgenden als „Äther-*Qi*" bzw. als „ätherisches *Qi*" bezeichnet. Der Begriff „*Qi*" findet in den transphysikalischen Zusammenhängen von k_1 - Masse und Schwer- bzw.- Fliehkräften - keine Anwendung. Beispielsweise sind elektrolytische bzw. elektrostatische Prozesse in Zellstrukturen vollständig durch eine konsistente Elektrodynamik erfasst und die pathologische Indizierung hat auch zunächst hier anzusetzen.

Die Ätherwelt ist in der europäischen Naturphilosophie keine Unbekannte. Bei Parmenides ist das „ätherische Feuer"[87] ein Sein ohne „Ziel"[88] (d. h. es unterliegt nicht, wie die *TST*, einer Eschatologie, was man in *(1.10.6.1-4)-(1.10.6.1-6)* daran erkennt, dass es keine Nullen mehr mit Negativen gibt), in ihm gibt es keine Logischen Aussagen, denn „es war nie und wird nie sein, weil es im Jetzt vorhanden ist als Ganzes, Eines, Zusammenhängendes (kontinuierliches)"[89] (homogenes) und, „einer Kugel vergleichbar"[90], hält es das physische Sein „in den Banden der Grenze, die es rings umzinkt"[91] (der Ätheraura bzw. *(1.10.6.1-4) - (1.10.6.1-6)*).

Der Astralplan ist durch den Mengenerhalt in einem homogen ausgebreiteten Substanz- und Bewegungsumfeld geprägt:

$$1 \boxtimes 1 = 0 \boxtimes 1 = 0_a \qquad\qquad (1.10.6.1\text{-}7)$$

Der Operator „$\boxtimes$" ist ein zu einem „$\times$"-Zeichen (Malzeichen) umgeformter Ätheroperator, der zudem an seinen Enden ein Quadrat ausbildet, das sich

---

[87] Parmenides, Fragment 1, 1.13, Aletheia, 10.1 und 11.2.
[88] Parmenides, Aletheia, 8.4.
[89] Parmenides, Aletheia, 8.5 – 8.6.
[90] Parmenides, Aletheia, 8.43.
[91] Parmenides, Aletheia, 8.31.

gemäß *(1.10.1.1-1)-(1.10.1.3-6)* bzw. P_{14} zu einem Kreis bzw. einer Kugel umwandelt

$$1 \otimes 1 = 0 \otimes 1 = 0_a, \qquad\qquad (1.10.6.1-8)$$

sodass zwischen Kreuzungs- bzw. Mittelpunkt des Malzeichens und Kreis bzw.
Kugel eine Mikro- und Makrostruktur aufgebaut wird,

$$1 \odot 1 = 0 \odot 1 = 0_a, \qquad\qquad (1.10.6.1-9)$$

die es, wegen der Gleichheit zwischen Punktmenge und Kugel, der Punktmenge als Einzelsein erlaubt, sich an jeder Stelle des Astralplans aufzuhalten bzw.
an mehrehren Astralorten gleichzeitig. An

$$1 \odot 1 \, \Omega_I \, 0 \odot 1 \, \Omega_{III} \, 0_a, \qquad\qquad (1.10.6.1-10)$$

zeigt sich die Bildung von Astralmengen als Gedanken- Gefühls- Willenseinzel-
wesen durch die Identität Ω_{III} , die auch für die Bildung der höheren Wesensglieder (beim Menschen: das Ich bzw. die drei im Hinduismus/ Buddhismus genannten Wesensglieder: Atma, Buddhi und Manas) verantwortlich ist.

Wesen, die mit einem Astralleib ausgestattet sind, unterliegen in k_1 aufgrund der transphysikalischen Wirkungen der Abnutzung aus Logischen Aussagen und müssen sich periodisch durch Schlaf regenerieren. Ein gesunder Schlaf
ist deshalb bei mit dem Astralleib zusammenhängenden pathologischen Indikationen die erste und wichtigste Quelle von Gesundheit. Denn die Wechselwirkung *(1.10.6.1-10) ist* ,was die rechte Subtraktion angeht, nichts anderes als die
Formel für den Schlaf. Die Kräfte, die sich während des Schlafes in k_1 mit Ast-
ralleibern ausgestatteten Wesen regenerieren und die sich tagsüber als Kräftespektrum des Gedanken-, Gefühls- und Willenslebens zeigen, werden im Folgenden als „Astral-*Qi*" bzw. als „astralisches *Qi*" bezeichnet. Die astrale Sub-
stanzstruktur von Gedanken, Empfindungen und Willensentschlüssen, die in
den Neurowissenschaften z. T. unter Verweis auf das widerlegte Axiom der geschlossenen Kausalkette bzw. die widerlegte Thermodynamik und damit fälsch-

lich unter die Gehirnphysiologie subsumiert wird, ist gegenüber der Äthersubstanz feiner und auch farbig.[92]

Das taoistische Zahlensystem *(1.9-1a) - (1.9-1c)* entspricht, wie P_{16} bzw. die *TST* gezeigt haben, dem pythagoreischen System P_{14} - wegen ihrer axiomatischen Unabhängigkeit sind sie gegenseitig als P_{B2}-Beweissatz anzusehen - und *(1.10.6.1-1) - (1.10.6.1-10)* stellen innerhalb dieses Zahlensystems einen weiteren Dreikreis dar. Die Konsequenz daraus ist die Gesamt-RaumZeit als doppelt dreigliedriges Lemniskatensystem,

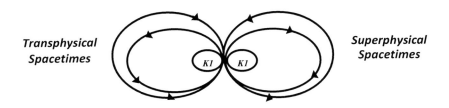

Transphysical *Spacetimes*   *Superphysical* *Spacetimes*

Diagramm 5: Das taoistische System der GesamtRaumZeiten

das sowohl mikro- als auch makrokosmisch gilt, weswegen *Diagramm 5* ebenso gut für ein Einzelwesen, als auch für das für die Erde insgesamt geltende RaumZeitmodell gültig ist.

In diesem System sind alle Identitäten *eins*, zuvorderst $\Omega_I\Omega_{II}\Omega_{III}$. In taoistischer Terminologie könnte man vom großen Tao sprechen, in christlicher von den Wesensgliedern des Heiligen Geistes, des Sohnes und des Vaters.

---

[92] Letzteres geht aus der eleatischen Farblichttheorie hervor. Vgl. dazu nochmals de Redmont a. a. O., S. 156 ff.

1.10.6.2 Die ätherischen und astralen Dreikreise: Äther- und Astral Qi

In der Praxis der TCM, die die Physiologie auf Yin und Yang bzw. das *Qi* zu-rückführt, ist das *Jing Mai*, die zwölf mit den inneren Organen verbundenen Hauptleitbahnen der wohl markanteste Teil der chinesischen Physiologie. „Die Hauptleitbahnen werden in 6 Yin- und 6-Yang-Leitbahnen unterteilt ...Yin-Meridiane verlaufen von den Zehen zum Stamm und vom Stamm zu den Fin-gern. Yang-Meridiane verlaufen von den Fingern zum Gesicht und vom Gesicht zu den Zehen.“[93] Yang-Meridiane sollen dabei an den Aussenseiten und der Rückseite verlaufen, Yin-Meridiane an den Innenseiten und an der Vorderseite. Diese Vorstellung des Meridiansystems wird nun anhand der der Physik Laozi`s zugrundeliegenden Mathematik des Dreikreises untersucht.

Grundlage der hier entwickelten Physiologie des Menschen ist der Dreikreis, der aus zwei pythagoreischen rechtwinkligen Dreiecken hervorgeht (siehe P_{14}). Wie die Systeme P_1-P_{16} beweisen, ist alles Sein die Null bzw. der Kreis, woraus unmittelbar folgt, dass jede Form des Seins zugleich auf ein Doppeldreieck zu-rückzuführen ist. Basis der menschlichen Physiologie (aber auch Physiognomie) sind entsprechend zwei pythagoreische Doppeldreiecke, die im Vergleich zu *Diagramm 1* revers symmetrisch sind und somit einen Zylinder formen:

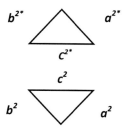

Diagramm 6: Der Zylinder als Grundlage der menschlichen Physiologie und Physiognomie

---

[93] Hecher et al (2010).

Da der pythagoreische Hauptsatz gilt, lassen sich a^{2*} und a^2 bzw. b^{2*} und b^2 unter Berücksichtigung von *(1.2-14), (1.10.1.1-14)*, und *(1.3-8)* bzw. *(1.5-7)* auch als Ausgangspunkte für die Bildung des Äther-Dreikreises auffassen.

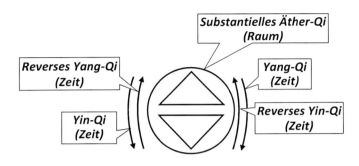

Diagramm 7: Das dreigliedrige Äther-Qi

Die Behauptung, dass die Yin-Meridiane von den Zehen zum Stamm verlaufen, widerspricht der Yin-Physik, die kontraktiv und nicht expansiv ist (der Bewegungsverlauf in den Stamm bis zum Herz-Lungenbereich und die Fingerspitzen ist expansiv, siehe unteres Dreieck). Weil es sich um Innenseiten handelt, ist dieser Bereich andererseits Yin zuzuordnen, sodass es sich bei der expansiven Bewegung um das *reverse Yin-Qi* handelt. Die Yang-Leitbahnen, die vom Gesicht zu den Zehen verlaufen, sind, der Yang-Physik gemäß, expansiv. Die Leitbahnen, die von den Fingern zum Gesicht verlaufen, können keine Yang-Leitbahnen sein. Weil sie aber auf der Vorderseite verlaufen, sind sie dem Yang-Bereich zuzuordnen und sind deshalb *reverses Yang-Qi*. Die Magenleitbahn ist keine regelwidrige Yang-Leitbahn, wie es heißt,[94] sondern eine normale, d. h. also kontraktive, Yin-Leitbahn. Somit ergeben sich für das *Jing Mai* vier Leitbahnsysteme, deren Besonderheit darin besteht, dass Yang nicht mehr, wie in den *TST*, in Ying umgewandelt wird, et vice versa, sondern, der vollständigen Homogenität des Masse- und Bewegungsspektrums der Äther-*SST* entsprechend, Yin und Yang selbst die Fähigkeit besitzen, sich in die ihnen entgegengesetzte Kraft umzuwandeln (reverses *Yin-Qi* bzw. reverses *Yang-Qi*). Die Störung bzw. Verminderung dieser Fähigkeit ist es, die als Überwiegen bzw.

Schwäche von Yin bzw. reversem Yin und Yang bzw. reversem Yang hervortritt, sodass die Theorie, wonach bei Überwiegen einer der beiden Kräfte, die andere vermindert wird, hinfällig ist.[95] Die *Jing-Mai* Leitbahnen verkörpern als Äther-*Qi* in Form der regulären und reversen Yin- und Yang-Kräfte die *Äther-Zeit*. Die Äther-Zeit ist hauptsächlich für die Bewegung und Erneuerung der Äther-Organe, dem substanziellen Äther-*Qi* des ersten und inneren Äther-Kreises, verantwortlich. Die einzelnen Organen zugeordneten Akupunktur-punkte auf den Leitbahnen sind meta mengentheoretische Zuordnungsfunkti-onen { } *f*, über die die Identität Ω_{II} die Ätherorgane im ersten Ätherkreis aus-bildet. Dies geschieht über eine zu „$W_{0\Box2}1$ " ähnliche *Wirksamkeit* { } *f**, wobei die weitere wissenschaftliche Erforschung dieser Wirksamkeit dem Menschen in zeitlich unbeschränkter Weise entzogen sein wird. Die Ätherintelligenz muss vor dem Zugriff degenerierter Astral-*Qi*-Kräfte (Macht- und Geldgier) mit un-bedingtester Notwendigkeit geschützt werden.

Werden die Meridianpunkte gestochen, wird die ätherische Organbildungs-funktion angeregt, was, keine weiteren Störungsfelder im Bereich der physi-schen bzw. transphysikalischen Organfunktionen vorausgesetzt, zu einer Ver-besserung der Gesamtphysiologie des betreffenden Organs führt. Die Wirkung der Akupunkturnadel ergibt sich dabei rein aus der Tatsache, dass der durch die Nadel fließende feine Ätherstrom im Nadelspitzenbereich keine Organele-mentfunktion mehr hat und dadurch das Äther-*Qi* an stimulierender Bewegung gewinnt. Der dritte wesentliche Tatbestand der Ätherphysik betrifft die auch pathologisch relevanten, den chaotischen Wirkungen von $W_{0\Box1}2$ - $W_{0\Box2}2$ (Schwerkraft und Entropie) analogen Prozesse der *Meridiandegeneration* und der *Meridiandiffusion*. Auch in der ätherischen RaumZeit existiert, wie *(1.10.6.1-3)* zeigt und wiederum analog zu den *TST*, keinerlei der Thermody-namik äquivalente RaumZeit-Struktur eines „Energieerhalts".[96] Vielmehr über-nimmt der ätherische Kreis k_3 eine dem transphysikalischen k_3 äquivalente Funktion der Erneuerung des Äther-*Qi* auf dem Weg der Wechselwirkung *(1.10.6.1-3)*. In puncto Meridiandiffusion gilt es festzuhalten, dass die

---

[94] Ebenda
[95] Vgl. Maciocia a. a. O., S. 7.

Akupunkturpunkte diffundieren und die ihnen eigene Zuordnungsfunktion zerfällt. Deswegen gibt es eine „entropische" Leitbahnstruktur, die dafür verantwortlich ist, dass die klinisch einwandfreie Akupunkturpunktlokalisation durch eine in der klinischen Praxis heute noch unbekannte chaotische Überlagerung behindert wird. Dies ist ein Grund dafür, warum klinische Doppelblindstudien (mit sogenannten Placebo-Punkten) statistisch umstrittene Ergebnisse liefern (einmal davon abgesehen, dass die Stimulierungs- bzw. Erneuerungsfunktion der Meridianpunkte in Bezug auf die Ätherorgane ein wissenschaftlich gänzlich neues Gebiet ist, das auch außerhalb der TCM in anderen komplementärmedizinischen Fachgebieten wenig erforscht ist).[97] Wenn Felix Mann schreibt, dass „A needle anywhere - yes, really anywhere - in the body may be sufficient to cure or alleviate symptoms in certain selected patients", dann ist dies der Meridiandiffusion geschuldet.[98] Was die Ätherorganbildung im Ätherkreis k_1 betrifft, so lässt sich nur wiederholen, was bereits in P_{16} über die Ω_{II}-Identitäten gesagt wurde: Ein Ätherorgan *ist* wie ein Baum *ist*, wie ein Tier *ist*, wie ein Mensch *ist*, ... (es ist also eine „$=_b$"-Wirksamkeit des *Seins*) und der Forscher kann dies lediglich konstatieren, nicht aber ursächlich erklären. Wenn Ursache und Wirkung *eins* sind, (siehe *(1.3-8)*), dann gibt es nur die Erforschung des Gegebenen. „Aber nur noch eine Wegkunde bleibt dann, dass IST ist. auf diesem Weg sind gar viele Merkzeichen, weil (selbst) ungeboren, ist es auch unvergänglich;"[99] Das Ätherorgan wirkt an der Ausbildung des physischen Organs mit (dies geschieht ebenso durch die Wirksamkeiten der *TST*).

---

[96] Die Übernahme westlicher anti-logischer Wissenschaftsbegriffe in die TCM führt auch hier zu ungültigen Theorien über das *Qi*. Maciocia`s Auffassung, wonach das *Qi* „konstant" sei ist entsprechend zurückzuweisen. Vgl. Maciocia a. a. O., S. 41.

[97] Vgl. zur Kritik an den *GERAC*-Studien (2002–2007) *http://epidemiologie.charite.de/*. Vgl. Ferner Sun/ Gan (2008) S. 2045 und Zhang et al. (2008).

[98] Mann (2000) S. 17.

[99] Parmenides, Aletheia, 8.1 – 8.3. (Klammersetzung duch d. Verf.)

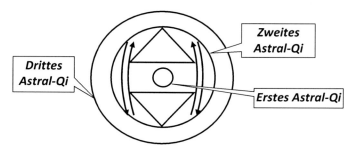

Diagramm 8: Das dreigliedrige Astral-Qi

Die Yin- und Yang-Ätherkreise enthalten die Doppeldreiecke als Schnittmenge und sind daher mengentheoretisch gleich. Auf der bereits genannten Basis *(1.2-14)*, *(1.10.1.1-14)*, und *(1.3-8)* bzw. *(1.5-7)* ist somit die Grundlage zur Schaffung und Entfaltung des dreigliedrigen Astral-*Qi* als Dreikreis gegeben. Astralkreis k_2 überlagert den k_1-Ätherkreis.

Vertreter der „rationalen" Neurophysiologie behauptet, dass Gedanken, Gefühle und der menschliche Wille auf neuro-physiologische Funktionen des Gehirns zurückzuführen sind.[100] Wolf Singer begründet die rein physiologische Erklärung kognitiver Phänomene mit dem Energieerhaltungssatz.[101] Dieser ist mit *(1.10.6.1-8)* widerlegt. Hinzuzufügen ist, dass der Energieerhaltungssatz als Variante des Axioms der geschlossenen Kausalkette durch das Gesamtsystem P_1 - P_{16} (Ausführungen zur Null) mathematisch, geometrisch, logisch und physikalisch und somit aus wissenschaftlicher Gesamtsicht durch zum Teil mehrfach gesicherte P_{B1}- und P_{B2} Beweisverfahren für alle Wissensgebiete zurückzuweisen ist und sich das materialistische Weltbild der heutigen Naturwissenschaften insoweit erledigt. Die Phänomene des Denkens, Fühlens und Wollens gehören durchaus der Arithmetik, der Geometrie, der Logik und Physik an. Nur handelt es sich eben um ganz andere Axiome als jene, die für die physische RaumZeit gelten. Es fällt nicht schwer das Astral-*Qi* als Bewegung und damit als Astral-Zeit zu empfinden. Schon wenn man, um beim Wort „empfinden" zu bleiben, „stark empfindet", kommt damit innere Bewegung zum Ausdruck und jeder, der an sich selbst das deduktive Denken als Vorgang beobachtet, wird

---

[100] Roth (2007); Singer (2006).
[101] Singer a. a. O.

rasch erkennen, das Deduktion nach einer Seite hin nichts anderes ist als *Denkbewegung* (kognitive Transitivität). Auch wird man sofort einsehen, dass ein Willensentschluss in sich bereits bewegt ist, weil in ihm eine Handlungskette als kognitive und emotionale Vorausnahme bereits enthalten ist. Viel schwieriger ist es dagegen, die räumlichen, d. h. aber: die *substanziellen* Eigenschaften des Astral-*Qi* zu erfassen. Hier geht es um das *Bewusstseinsein*, also die Schaffung von Bewusstsein als *(1.3-8) Ist ist* ($=_c =_b$) bzw. die Materialisation von Bewusstsein als Substanz bildender Vorgang. Die Ausbildung kognitiver, emotionaler und voluntaristischer Gedächtniselemente ist substantieller Natur. Im Unterschied zum Äther-*Qi* kennt die Astralphysik keine Zuordnungsfunktionen { } *f*, die Trägersysteme als Funktionswerte enthalten (die Bildung der Ätherorgane erfolgt auf der Basis eines bereits vorhandenen Äthers in Form der Ätherkreise k_2 und k_3 bzw. der Yang-Zeitkreise, die den k_1-Yin-Raumkreis über die ätherische Elementfunktion { } *f* enthalten). Vielmehr entsteht und wächst das Gedächtnisträgersystem (der „Gedächtnisraum" in welchem die Gedächtniselemente existieren) mit der Gedächtnisbildung unu actu, weswegen das Erste Astral-*Qi* oder der Astralkreis k_1 auch als ein kleiner, expansiv sich zu denkender Raum abgebildet ist, der mit dem Astral-k_2 seine endgültige Form erhält. Das Gedächtnis ist mitnichten, wie die Gehirnphysiologie behauptet, nur im Gehirn verankert. Es ist, als Erstes und Zweites Astral-*Qi* auf der gesamten Fläche des physischen Körpers als Astral-Substanz verstreut. Die astrale Gesamterscheinung des Menschen ist ein Gedächtnismikrokosmos und die Summe seiner Elemente sind die Galaxie seiner Existenz als Chronik seines Seins. In früheren Kulturen - etwa der ägyptisch-chaldäischen - sprach man in diesem Zusammenhang von der in jedem Menschen vorhandenen (makrokosmischen) Sternenweisheit bzw. vom *Sternenstaub*, die bzw. der die Summe ihrer Gedanken, Empfindungen und Willensentschlüsse in den menschlichen Astralleib als Nachkommenschaft ihres Gedächtnisses gelegt hat. Deswegen wurde das Astral-*Qi* auch als „Kind der Götter" bezeichnet. Wer $N =_b G$ denkt (siehe Kapitel 10.4), also die Natur als Summe von in physische Erscheinungsformen umgewandeltes Astral-*Qi*, schafft bereits Natur als neues Astral-*Qi*, weil die Äquivalenz zwischen der Natur und den Gedanken über sie als schöpferischer Erkenntnisakt substanziell *wird*. Ebenso verhält es sich mit allen Empfindungen, die zu Bindungen zwischen Naturwesen führen. Liebe ist deshalb nachhaltig, weil sie ein echtes „Nähr-*Qi*", d. h. einer der wichtigsten Bildner von Astralsubstanz, ist. Eine aus dem Logos geborene Handlung ist ein Astralsubstanzbildner erster Ordnung, was man exoterisch daran erkennt, dass solche Handlungen zu nachhaltig positiven Entwicklungen in allen Lebensgebieten führen (Beispiel: Freiwilliges Engagement in einer professionell arbeitenden, auf persönlicher Initiative gegründeten und beruhenden Sozialeinrichtung).

Das Astral-Qi unterliegt einer Wechselwirkung, d. h. es muss konstant erneuert werden. Diese Erneuerung betrifft zudem alle Existenzebenen. Beispielsweise ist geistige Konzentration eine Elementfunktion astraler Wirksamkeit, die den Verbrauch transphysikalischer, physischer und ätherischer Kräfte beinhaltet. Die Hauptquelle der Regeneration ist diesbezüglich der Schlaf. Das Hauptproblem des Verfalls des physikalischen Astral-Qi ist jedoch nicht der sich aus den Lebensfunktionen ergebende Erneuerungsbedarf. Dieser ergibt sich aus der chaotischen Konfiguration des jetzigen kosmischen Zeitalters insgesamt. Von gesellschaftlich und persönlich viel größerer Bedeutung ist die Anti-Logik als Bewusstseins- und damit Astralsubstanzauslöschung und die Zersetzung von Astralsubstanz durch die Inflationierung von Begierden. Umwelt- und Gesellschaftsaspekte einmal beiseite gelassen, ist die Anti-Logik und die Begierdeinflation der heutigen Zivilisation in keinster Weise in erster Linie ein religiöses oder ethisch-moralisches Problem. Es handelt sich unter den genannten Voraussetzungen auf individueller Ebene allein um ein naturwissenschaftliches Problem im Sinne der Astralphysik. Die Logischen Aussagen sind nicht nur ein Problem für die degenerierte Natur, sondern auch für den Menschen. Denn sind seine höheren Substanzbildungen zerstört, geht die existentielle Bedrohung, der er sich aussetzt, weit über das hinaus, was er sich heute unter dem Tod vorstellt. Es gibt ihn, den okkulten Tod, und auf diesen muss eine aus der Astralphysik abgeleitete ganzheitliche Pathologie bereits heute mit Nachdruck hinweisen.

2. Die Transmissionsmechanismen des Äther- und Astral-Qi

2.1 Elektrolytische Äther-Qi Transmission

Als Demonstrationsbeispiel wird der ATP-basierte Transport von Na^+ (Natrium) aus Nierenzellen herausgegriffen, an den auch der Transport von Aminosäuren gekoppelt ist. Die sogenannte Na^+-K^+-Pumpe, die Natrium aus Zellen transportiert, basiert einerseits auf der Potenzialdifferenz zwischen Zellkern und Zellumgebung (Zellkerne haben eine negative Ladung) und andererseits auf der ATP-Spaltung mithilfe eines Enzyms, durch die Transportenergie bereitgestellt wird. Im Folgenden wird ausschließlich der elektrolytische Prozess bzw. die Redoxreaktion betrachtet. Dazu ist zunächst die Formulierung einer gültigen Theorie der Elektrostatik bzw. Elektrodynamik erforderlich, die, wie P_{10} gezeigt hat, aus der Speziellen Relativität nicht abzuleiten ist. Diese Theorie muss ferner die bisher lediglich empirisch festgestellte Potentialdifferenz zwischen Zellkern und Zellumgebung erklären, um als vollwertige Elektrodynamik organischer Phänomene gelten zu können.

Grundlage der Elektrodynamik ist die Masseanziehung gemäß *(1.10.3-20)*, aus der auch die Ladungsdifferenzen von Elementargliedern - der analytische Begriff „Teilchen" wird wegen seiner die Ω_{III}-Identitäten auflösenden Implikationen vermieden -, etwa diejenige von Elektronen und Protonen, +e bzw. -e, abgeleitet wird. Die Coulomb-Kraft hat als Masse bereits die Eigenschaften der transphysikalischen Kreise k_2 und k_3 (Doppelkreise aus den Magnetpolen). Bezüglich der Induktionswirkung wird hier auf die eleatischen Lösungen zur Elektrodynamik verwiesen, die an anderer Stelle ausgeführt sind.[102]

Die vereinfachte Gleichung für die Stromstärke lautet $I = Q/t$, mit I = Stromstärke, Q = Ladung und t = Zeit. Diese Definition ist mit Verweis auf Kapitel 1.6.3 ungültig (Anti-Logik der arithmetischen Division). Unter Verweis auf *(1.6.2-1), (1.6.5B-8), (1.10.1.3-5), (1.10.2-11), (1.10.3-15), (1.10.3-24a), (1.10.3-24a), (1.10.3-26), (1.10.3-27a)* und *(1.10.3-27b)* gilt vielmehr

---

[102] de Redmont a. a. O., S. 142 ff.

$[-] \Omega_I \Omega_{II} \Omega_{IIIa} \{ \tau_{Qi1} / \{logx_{\Box k2}\}_{61a} \{logx_{\Box k3}\}_{61b}\}_{Qi1},$ *(2.1-1)*

Der Minusoperator [-] ist der Nadeleinstich am Akupunkturpunkt *Niere 1* der Leitbahn *Shaoyin*.[103] Klein τ_{Qi1} ist das Äther-*Qi*, das in der Nadelspitze keine Ätherorgan Formbildungselemente enthält und deshalb ein Yang-*Qi* (Zeit-*Qi*) ist. Die transphysikalische Identität Ω_I stellt den durch die Wirkungen { }$_{61a}$ und { }$_{61b}$ indizierten Erneuerungszyklus der als logische Aussagen formulierten Schwerkraft t = zerstörte Masse = $logx_{\Box k2}$ bzw. der zerfallenden Ladungsmasse $logx_{\Box k3}$, die den elektrolytischen Ionenaustausch zwischen Nierenzellkernen und deren Zellperipherien enthält, sicher. Die Identität Ω_{II} ist die Zelle als meta mengentheoretische Menge, deren Elemente aus den molekularbiologisch und physiologisch bekannten Komponenten besteht. Die Identität Ω_{IIIa} ist das Äther-*Qi* als Dreikreis. Die Wirkung { }$_{Qi1}$ ist die { }*- Äther-*Qi* Erneuerungsfunktion, die die { }*f*-Organbildungsfunktion enthält. Die Stromstärke *I* ist ein reines Phänomen der Ätherwirksamkeit { }$_{Qi1}$, auf die die Ionenanordnung innerhalb und außerhalb der Nierenzellkerne zurückgeht und damit auch die Schaffung der dem Ionenaustausch zugrundeliegenden Potenzialdifferenz. Mit anderen Worten: Dass überhaupt elektromagnetische Wirkungen im Zellbereich auftreten und damit Stromstärken, ist allein der Physik des Äther-*Qi* in Form der meta-mengentheoretischen Zuordnungs- und Erneuerungsfunktion { }$_{Qi1}$ geschuldet. Der Yang-Fluss τ_{Qi1} ist in diesem Zusammenhang eine Signalwirkung, die { } *f* als Yang-Zuordnung der Zellelemente stärkt und damit *indirekt* die aktiven Zelltransportprozesse unterstützt. Da diese über die Gesamtfunktion { }$_{Qi1}$ zusätzlich Rückkoppelungssignale zur Yin-*Qi* Organbildung leisten, wird die Niere *indirekt* und insgesamt über die Stärkung der Ätherniere, die die physische Niere als ihre imaginierte Vorform, die zugleich sie mit bildende Imaginationssubstanz ist, gestärkt.

2.2 Transmissionen des Astral-Qi

Warum können Bäume mit ihren Ästen nicht winken? Weil die mechanische Arbeit, die Tiere und Menschen mit ihrem Bewegungsapparat verrichten (dazu gehört aber beispielsweise auch die gesamte Peristaltik der Hohlorgane und weiterer Organe wie dem Kehlkopf), einer zusätzlichen Wirksamkeit bedürfen, die außerhalb des die Flora bestimmenden Äther-Qi liegt. Wovon hier die Rede ist, betrifft die k_3-Yang bzw. k_3-Zeit Elementfunktion $\{f\}$ des Astral-Qi, die der meta-mengentheoretische Ausdruck für den Willen ist. Gemeinsam mit den Funktionen $\{f^*\}$und$\{f^{**}\}$, den Elementfunktionen für die Empfindungen und Gedanken, bildet sie die Astral-Qi Menge $\{\{f\}\{f^*\}\{f^{**}\}\}_{Qi2}$. Im Unterschied zur Äther-Qi Elementfunktion, $\{\{ \}f\{ \}f^*\}_{Qi1}$, sind die Funktionszeichen der Astral-Qi Menge in die Elementzeichen versetzt. Diese Versetzung bringt zum Ausdruck, dass sich die Yang- bzw. Zeitordnung im Astralbereich von der Ätherraumzeit unterscheidet. Im Astralbereich ist die meta mengentheoretische Bewegung f, die einer Menge die ihr zugehörigen Elemente zuordnet, mit den Elementen gleich, d. h. alle Astralelemente verfügen über vollständige Eigenbeweglichkeit. Wille, Empfindungen und Gedanken, also die Gliedmengen $\{f\}, \{f^*\}$ und $\{f^{**}\}$ sowie ihre Elemente, sind voll eigenbeweglich, was die Einheit zwischen Yin- und Yang, Bewegung und Substanz, Raum und Zeit, zum Ausdruck bringt. Die gewöhnlichste Selbstbeobachtung zeigt, dass keine meta mengentheoretische Funktion f einen Gedanken, eine Empfindung oder einen Willensimpuls „anschiebt". Vielmehr gilt als selbstverständliche Empfindung, dass Gedanken und Gedankenabfolgen Beweglichkeit *sind*, was ebenso für Emotionen und Willensimpulse gilt, die ja ihrerseits vielfältige Formen von weiteren Bewegungen und Bewegungsformen auslösen. Ebenso wie die Potenzialdifferenz zwischen Zellkern und Zellperipherie nicht ohne die Elementzuordnung $\{\{ \}f\{ \}f^*\}_{Qi1}$ als meta-mengentheoretische Lösung möglich wäre und also alle elektrolytischen Zellprozesse Elemente der Elementzuordnung $\{\{ \}f\{ \}f^*\}_{Qi1}$ sind, ist diese Zuordnung ihrerseits Element einer noch höheren Funktionalität, der astralen Elementzuordnung $\{\{f\}\{f^*\}\{f^{**}\}\}_{Qi2}$, die als meta mengentheoretische Lösung zweiten Grades den Gesamtprozess induziert. Es gilt

---

[103] Skojen (2010) S. 252.

$$[-]\ \Omega_I\Omega_{II}\Omega_{IIIb}\Omega_{IIIa}\{\{\ \tau_{Qi1}\ /\ \{logx_{\square k2}\}_{61a}\{logx_{\square k3}\}_{61b}\}_{Qi1}\}_{Qi2},\qquad(2.2\text{-}1)$$

wobei Ω_{IIIb} = Astralidentität. An dieser Stelle ist zu klären, wie die Äther- und Astralidentitäten, Ω_{IIIb} und $\Omega_{IIIb,}$ definiert sind. Die Ätheridentität ist die Bild-imagination aller Naturwesen der Identität $\boldsymbol{\Omega_{II}}$, inklusive ihrer Elemente bzw. Glieder, die damit als ein *Wesen* ausgewiesen ist. Die Astralidentität ist Refle-xion und Entwicklung dieser Bildimagination als Wechselwirkung des $\boldsymbol{\Omega_{II}}$-Wesens (hier besteht eine Parallele zur Inspiration als über die Atmung ge-steuerte Meditation) und es gilt entsprechend

$$\Omega_{II}\{\Omega_{IIIa}\Omega_{IIIb}\}\qquad(2.2\text{-}2)$$

Als meta-mengentheoretische Lösung dritten Grades. Gleichung *(2.2-1)* verän-dert sich zu

$$[-]\Omega_I\Omega_{II}\{\Omega_{IIIa}\Omega_{IIIb}\{\{\tau_{Qi1}\ /\ \{logx_{\square k2}\}_{61a}\{logx_{\square k3}\}_{61b}\}_{Qi1}\}_{Qi2}\}_{\Omega II}\qquad(2.2\text{-}3)$$

Aus *(2.2-3)* ist ersichtlich, dass der Nadelstich „[-]" zwar über { $\}_{Qi1}$ ein mehrdi-mensionales Spektrum des Sein eröffnet, dass seine Wirksamkeit allerdings auf das Äther-Qi beschränkt bleibt, was bedeutet, dass die Konstitutionsebenen Ω_{IIIa} und Ω_{IIIb} durch die Akupunktur nicht erreicht werden. Selbstverständlich spielen diese Konstitutionsebenen in der klinischen Praxis, vor allem Ω_{IIIb}, eine große Rolle: „It seems that acupuncture needs both the physical treatment and the correct mental circumstances. If one only needles or otherwise stimulates the patient … acupuncture does not work. If one only treats mentally, … the treatment may not be effective."[104] Zu der oben getroffenen Regel gibt es eine Ausnahme: die auf Akupunktur beruhende Schmerztherapie. Da sich, wie die *Diagramme 6* und *7* zeigen, k_1 des Äther-Qi mit k_1 und k_2 des Astral-Qi decken und diese sich entsprechend vollständig durchdringen, führt die Ausschaltung des Astral-Qi, das den Schmerz als Signal der Unordnung auslöst, zur Schmerz-linderung bzw. auch zur Schmerzbeseitigung:

$$\Omega_I\Omega_{II}\{\Omega_{IIIa}\ [+]\ \Omega_{IIIb}\{\{\tau_{Qi1}\ /\ \{logx_{\square k2}\}_{61a}\{logx_{\square k3}\}_{61b}\}_{Qi1}\}_{Qi2}\}_{\Omega II},\qquad(2.2\text{-}4)$$

mit [+] = Nadelstich als Adhäsion (vgl. zum Adhäsionsprinzip *(1.10.1.1-11))*.
Über die Wirkung von *(2.2-4)* gibt es eine Reihe von klinischen Untersuchungen[105], wobei hier die These vertreten wird, dass eine elektro-stimulierte Akupunkturbehandlung, um entsprechende Effekte neurologisch nachzuweisen, nicht notwendig ist.

Da gemäß *(2.2-3)* $\Omega_{IIIa} = \Omega_{IIIb}$ gilt, empfiehlt sich ansonsten *Qi*-Gong als Konstitutionstherapie zur Stärkung der Elementfunktion $\{\{\ \}f\{\ \}f^{*}\}_{Qi1}$ und eine atmungsneutrale Meditationsform als Konstitutionstherapie zur Stärkung der Elementfunktion $\{\{f\}\{f^{*}\}\{f^{**}\}\}_{Qi2}$. Diese Therapieformen sind unter Berücksichtigung von *(2.2-3)* als „Meta-Akupunkturen" aufzufassen, die, als langfristig anzuwendende Therapien, eine überragende Bedeutung für die Gesamtgesundheit des Menschen haben. Diese Bedeutung ergibt sich nicht zuletzt aus der Tatsache, dass die Qi- Elementfunktionen keine Naturkonstanten der *SST* sind, sondern an die Einzelpersönlichkeit gebundene Variablen.

3. Fallbeispiele

Zusammenfassung: Diese Fallbeispiele sind skizzenhafte Einblicke in Behandlungsstrategien, die das Astral- und Äther-Qi stark mit einbinden. Mit den in diesem Kapitel getroffenen Aussagen ist weder der Anspruch auf therapeutische Vollständigkeit verbunden (die äußerst wichtige Phytotherapie kann hier aufgrund viel komplexerer Beziehungen zum Äther- und Astral-*Qi* beispielsweise keine Berücksichtigung finden), noch wird zu irgendwelchen akupunkturtechnischen Behandlungsfragen, bestimmte Indikationen betreffend, eine diskriminierende Stellungnahme abgegeben. An keiner Stelle erfolgt gegenüber empirisch bewährten TCM-Therapieformen eine kritische Distanzierung. Behauptet wird allerdings, dass die hier skizzierte therapeutische Richtung auf einem durch mehr als 20 mathematische, geometrische und physikalische Systeme abgestützten Wissenschaftsmodell beruht, auf das in puncto

---

[104] Mann a. a. O., S. 11.
[105] Vgl. Takeshige/Sato (1996); S. 119 ff., Pomeranz (2001); Zhang et al (2003) S. 1591 ff; Mann a. a. O., S. 28.

wissenschaftlicher Konsistenz keine einzige medizinische Therapieform heute zurückgreifen kann.

3.1 Primäre Osteoarthrose

Die *GERAC*-Studien (2002–2007) (*German Acupuncture Trials*) stellen die bisher weltweit umfangreichsten prospektiven und randomisierten Doppelblindstudien zur klinischen Überprüfung der Wirksamkeit der Akupunktur dar. Ziel war die Schaffung einer Vergleichsbasis zu konventionellen Standardtherapien für eine Reihe volkswirtschaftlich relevanter Indikationen, zu welchen auch die Kniegelenksarthrose zählt.[106] Ob die Studien strengen wissenschaftlichen Kriterien genügt haben, und ob die Ergebnisse in statistisch signifikanter Weise für die Akupunktur als Therapieform bei Kniegelenksarthrose sprechen, wie die für die Studien verantwortlichen Institutionen und letztlich auch der Gemeinsame Bundesausschuss, der aufgrund der Studienergebnisse die Zulassung der Akupunktur zur Kassenleistung bzw. kassenärztlichen Versorgung für die Indikation „chronische Gelenkschmerzen" beschlossen hat - behaupten[107], ist für das hier präsentierte Fallbeispiel von untergeordneter Bedeutung. Denn die wissenschaftliche Theorie der TCM, wie sie sich aus den Kapiteln 1 und 2 ergibt, führt gegenüber den bisher angewandten TCM-Therapien zu wesentlichen Ergänzungen und Erweiterungen, sodass die Gerac-Ergebnisse mangels therapeutischer Kompatibilität zwischen konventioneller TCM-Therapie und wissenschaftlicher TCM-Therapie nur einen sehr begrenzten Aussagewert haben.

Aus Sicht der TCM werden Arthroseerkrankungen den Gelenk-Bi-Syndromen (*GuBi*) zugeordnet (Erkrankungen mit schmerzhaftem Obstruktionssyndrom von *Qi* und Blut in den Meridianen im Gelenk- Muskel- und Schmerzbereich). Lokal stechender Schmerz wird als Zeichen einer Blutstase interpretiert, unscharf begrenzter Schmerz in den Myofaszien als *Qi*-Stagnation. Ursache hier-

---

[106] *http://de.wikipedia.org/wiki/Akupunktur* (Zugriff: 1. 12. 2012).
[107] Die Ergebnisse der GERAC-Studien wurden 2009 im Rahmen der von der der Berliner Humboldt Universität angegliederten Charité im Rahmen der *ART*-Studien (Acupuncture Randomized Trials) bestätigt (siehe *http://epidemiologie.charite.de/*).Vgl.ferJarosch/Heisel (2010) S. 163.

für ist aus TCM Sicht die Invasion von Wind, Kälte, Hitze oder Feuchtigkeit (Nässe) ins Meridiansystem *(Jing Lui)*, meist bei einer deutlichen Abwehr-*Qi*-Schwäche. Bereits an der heute üblichen TCM-Anamnese erkennt man, dass es sich gemäß TCM-Physiologie und -Pathologie bei der *primären* Osteoarthrose keineswegs um ein idiopathisches Phänomen handelt, wie die westliche Schulmedizin behauptet, sondern dass vielmehr die Frage nach den Ursachen pathologischer Erscheinungen nicht durch die Wissenschaftsparadigmen der westlichen Schulmedizin begrenzt werden darf.

Die wissenschaftliche TCM setzt den Krankheitsverlauf zunächst zur transphysikalischen RaumZeit-Gleichung *(1.10.3-25)* $\{ \}_{52} = \{ \}_{62} = W_{0\square 3}2$ in Beziehung (die den Verfall der Masse in k_1 nachweist): Auftreten tangentialer Fissuren, Ulzerationen in Verbindung mit Bindegewebe und Chondrozyten Proliferation, Auftreten von Granulationsgewebe und minderwertigem Faserknorpel (Stadium 1 - 3 des Krankheitsverlaufs). Nach Subsumation der Pathologie unter *(1.10.3-25)* erfolgt die Spurensuche in T_2 bzw. k_2, also jener RaumZeit, die das Trägersystem der degenerierten Yin-Kräfte ist $((1.10.3-15)$ $[k_2 -_{\square k2} k_3]_{III} = [k_2 -_{\square k2} k_3]_{IV} =_{log} -_{\square k2} \Omega_I log x_{\square k2}$). In dieser Beziehung ist von Bedeutung, dass bei allen primären Osteoarthrosen erhöhte Stickstoffmonoxid-Werte auftreten (NO). Da der für die Herstellung von Stickstoffmonoxid im Körper in Steuerungsfunktion auftretende Parasympathikus (Glied des vegetativen Nervensystems) in Bezug auf Knochen und Knorpel keinerlei Funktion ausübt, fällt diese Quelle der Stickstoffmonoxid-Produktion aus. Bleibt die Herstellung über Kalium und Schwefel aus externen Quellen. Von Schwefel sind 25 Isotope bekannt, von denen nur vier stabil sind und vom instabilen ^{35}S-Isotop ist nachgewiesen, dass es sich aus der Weltraumstrahlung, d. h. aber real: T_2, bildet. Beim Auftreten von Schwefel hat man es also gegenüber Elementen wie z. B. Aluminium oder Gold mit relativ instabilen Masseverhältnissen bzw. einer erhöhten Massezerfallsindikation in T_1 bzw. k_1 zu tun, die somit als die eigentliche Ursache primärer Osteoarthrose anzusehen ist. Worauf ist der beschleunigte Massezerfall zurückzuführen?

Primär ist das Auftreten der primären Osteoarthrose eine Konstitutionsschwäche, d. h. eine Astral-*Qi*- Schwäche $\{ \}_{Qi2\square}$, die speziell aus einer Willens-*Qi*-Schwäche, $\{f\}_{Qi2\square}$, herrührt, denn der Bewegungsapparat steht unter der

Hauptwirkung des Astral-Qi (der Astralelementfunktion) $\{f\}_{Qi2}$. Eine Konstitutionsschwäche kann nicht kurzfristig therapiert werden. Ein Therapeut, der Erfahrungen mit dem Astral-Qi gesammelt hat - entweder aus persönlicher „intuitionistischer" Begabung, oder weil er über den eigenen therapeutischen Tellerrand hinauszusehen gelernt hat und sich aus innerer Überzeugung beispielsweise die Terminologie der anthroposophischen Medizin aneignen konnte -, wird bei einem Patienten die oben beschriebene Konstitutionsschwäche noch *vor* dem Ausbrechen der Symptomatik erkennen und entsprechende therapeutische Maßnahmen einleiten können. Ist die Symptomatik ausgebrochen, ist eine Astral-Qi-Konstitutionstherapie aus zwei Gründen dennoch sinnvoll: Sie unterstützt, erstens, in sehr wirksamer Weise alle weiteren Therapiemaßnahmen - von denen unten noch die Rede sein wird - durch die in den Kapiteln 2. 2 und 2.1 beschriebenen Transmissionsmechanismen. Da zudem alle Identitäten, zu denen auch die menschliche Identität gehört, über die k_3-RaumZeitsphären sämtlichen Formen logischer Aussagen entzogen sind, hat die Astral-Qi-Konstitutionstherapie über den Tod des Menschen hinaus im Sinne der Stärkung seiner Identität eine außerordentlich große Bedeutung. Die Vorstellung, dass die Humanmedizin mit dem Zeugungsakt eines menschlichen Lebens beginnt, ist ebenso illusionär wie die selbstverständlich getroffene Voraussetzung, dass sie mit dem physischen Tod des Menschen endet. Astral-Qi Konstitutionsschwächen haben eine Prä-Fertilisationsursächlichkeit und ihre Beseitigung erfordert das therapeutische Hineinwirken ins Nachtodliche.

Im Mittelpunkt der Astral-Qi-Konstitutionstherapie steht die täglich durchzuführende Meditationsübung, die wiederum durch ein Mantram bestimmt wird. TCM-Therapeuten, die mit Meditation nicht vertraut sind, sollten nicht nur beginnen, persönliche Erfahrungen damit zu sammeln, sondern sich zu Meditationslehrern ausbilden lassen. Wichtig ist allein der Zugang zum Astral-Qi als k_3-Identität. Religiöse und weltanschauliche Fragen kommen dabei nur insofern in Betracht, als sie k_3-Wissensinhalte vermitteln, die der Schüler nach eigens gemachten Erfahrungen persönlich überprüfen kann, weil die k_3-Identität in ihm als Wissensquelle tätig wird. Wichtig ist die Befähigung zur persönlichen Mantren-Gestaltung, die sich durch die eigene Meditationspraxis und die Erarbeitung des wissenschaftlichen Taoismus einstellt.

Bei Osteoarthrose kann folgendes Meditationsmantram empfohlen und verwendet werden:

Mein Blick fließt
Wärme strahlend in die Welt.
Mein Herz strömt offen
Zu allen Menschen,
Die auf meine Liebe hoffen.
Auf Schritt und Tritt
Füll` ich den Raum
Mit fließender Weltenwärme
Mit strömender Menschenliebe.

Dieses Mantram füllt den Schrittraum mit k_3-Astral-*Qi* und trägt zur Verbesserung der Gesundheit des Patienten bei.

Schwefel ist einer der weltweit wichtigsten chemischen Grundstoffe und wird u. a. in der Düngemittelindustrie, der pharmazeutischen Industrie, bei der Herstellung von Insektiziden etc. verwendet bzw. eingesetzt. Patienten, die unter primärer Osteoarthrose leiden ist zu empfehlen, auf Arzneimittel mit Schwefelgehalt zu verzichten. Das gleiche gilt für Nahrungsmittel, die von Böden mit einem vergleichsweise höheren Schwefelgehalt stammen bzw. mit Insektiziden behandelte Weintrauben bzw. Gemüse und Tafelobst.

Neben den in der Lehrliteratur angegeben Akupunkturbehandlungen empfiehlt sich zur Entgiftung *Leber 1 - 8.* Zur Feuchtigkeitsumwandlung ist der Punkt *Magen 36* von Bedeutung. [108]

Qi Gong ist die wesentlichste, durch die Elementfunktionen gesteuerte Verbindung zwischen Astral- und Äther-*Qi*. Deshalb sind absolut regelmäßig durchzuführende *Qi* Gong-Übungen bei fast jeder Form von Erkrankung von größter Wichtigkeit. Genau wie bei der Meditation liegt hier der nur langfristig zu erreichende Erfolg beim Patienten. Gesundheit kann man nicht konsumieren.

Man kann sie nur durch eigenverantwortliches Handeln befördern. Wer sich zu diesem Prinzip nicht bekennt, hat als Patient in der TCM eigentlich nichts verloren. Konsumenten-Patienten finden heute in der auf Patientenschnellabfertigung spezialisierten schulmedizinischen Konsultation und einer von den Krankenkassen jederzeit finanzierten *business relationship* zu meistenteils börsenkotierten Pharmagroßkonzernen, die ihre Produkte, natürlich „juristisch" einwandfrei, multimedial vermarkten, ein reichhaltiges „Gesundheitsangebot."

Für jede Form von Arthrose wird aus dem Übungszyklus der sogenannten „acht Brokate" (*Baduan Jin*) die Übung „Die Fäuste ballen und mit den Augen funkeln" empfohlen, die das Astral-*Qi* vermehrt.[109]

3.2 Migräne

Das zweite Astral-*Qi* ist vom dritten durch einen Zwischenring getrennt (siehe *Diagramm 7*). Das dritte Astral-*Qi* ist Glied des *makrokosmischen Kontinuum* des Menschen, das sein eigentliches überzeitliches Sein beinhaltet. Das vollständige Astral-*Qi* ist daher

$$\{\{\{f\}\{f^*\}\{f^{**}\}\}_{Qi21}\}_{Qi22}, \qquad (3.2\text{-}1)$$

wobei $\{\ \}_{Qi22}$ jene Elementfunktion ist, die den k_1-k_2-Astralkreis $\{\{f\}\{f^*\}\{f^{**}\}\}$ mit k_3 verbindet. Diese Elementfunktion enthält außer dem k_1-k_2 Astralkreis die Funktionen

$$\{\{\{f^1\}\{f^2\}\{f^3\}\}\{f^4\}\ \}_{Qi22}, \qquad (3.2\text{-}2)$$

mit

$\{f^1\}$= menschliches Ich

$\{f^2\}$= Atma (Geistselbst, R. Steiner)

---

[108] Skojen a. a. O., S. 261 f.-

$\{f^3\}$= Buddhi (Lebensgeist, R. Steiner)

$\{f^4\}$= Manas (Geistesmensch, R. Steiner)

Die Ich-Funktion $\{f^1\}$ ist heute ausgebildet und kennzeichnet den heutigen Menschen. Die Funktionen $\{f^2\}$-$\{f^4\}$sind heute in der Regel nicht ausgebildet, weswegen

$$[\{\ \}_{Qi22} - \{\{f\}\{f^*\}\{f^{**}\}\}_{Qi21}] = z_1 + z_2 = z_1 + \{\{f\}\{f^*\}\{f^{**}\}\}_{Qi21} \qquad (3.2\text{-}3)$$

gilt. Bei *(3.2-3)* handelt es sich um die als eleatisches Koinzidenzgesetz[110] formulierte Doppelsubtraktion x - w = z und x - z = w, die den zwischen k_3 und k_2-k_1 existenten Zwischenring definiert. Wenn dieser Zwischenring durch die Expansion *(3.2-2)* geschlossen ist, ist der Zustand $\{\Omega_M = L_e = L_i\}W =_b \Omega_{la} =_b T_5$ erreicht (siehe Kapitel 10.5), was das makrokosmische Existenzkontinuum des Menschen in neuer Form bedeutet. Denn als wesentlichstes Substrat seiner gesamten Erdinkarnation wird der Mensch jenes Lichtkleid tragen, dem er, in anderer Form, heute bereits ins Antlitz blickt: Der Sonne als strahlende Massetransformation. Bis es soweit ist, hat der Mensch einen langen Weg vor sich. Und diesen Weg bestimmt er selbst mit. Im heutigen Zwischenring befindet sich die gesamte aktuelle Diskonnektiertheit des Menschen mit seiner makrokosmischen Existenz bzw. alle Formen des Astral-Todes. Im therapeutischen Alltag begegnet einem diese Diskonnektiertheit bzw. der Astraltod in vielfacher Ausfächerung: Paranoide Lebensängste auf der einen Seite und bis zur totalen inneren Verstummung getriebener *Burn-Out* andererseits. Bewegte und erstarrte psychische *Nichts*-Erlebnisse kennzeichnen die Pathologie des *(3.2-3)* Zwischenrings. Zu dieser Pathologie gehört auf physiologischer Ebene auch die sogenannte Migräne.

Stellen wir uns vor, k_2-bzw. k_1, also erstes und zweites Astral-*Qi* wären eine von einem Meer umgebene Vulkaninsel und jenseits des Meeres wäre, gewissermaßen als Kontinent um k_2 bzw. k_1 herum, k_3. Inselbewohner, die von einer „Flutwelle" erwischt werden - Verlust eines geliebten Angehörigen, des Le-

---

[109] Buschmann (2010) S. 33.
[110] de Redmont a. a. O., S. 53 ff.

benspartners, engster Freunde, des Arbeitsplatzes, Traumatisierungen aufgrund physischer und psychischer Gewalt, wozu selbstverständlich auch das Mobbing am Arbeitsplatz gehört, aber auch allgemeine Ohnmachtsgefühle aufgrund einer immer schwerer zu begreifenden, bürokratisierten, chaotischen, vom Einzelnen unbeeinflussbaren Weltgesellschaft - und fast jede Verbindung zu k_3 verloren haben, schwächen die Funktionen des Yang-Organs Sympathikus (ein Glied des vegetativen Nervensystems) derart, dass es im Extremfall beispielsweise zu ernsthaften Herz-Kreislauferkrankungen kommen kann. Inselbewohner hingegen, die für k_3 ein Heimatgefühl bewahrt haben (wie tief vergraben auch immer) und sich auf der Insel nicht recht wohl fühlen, blicken in die brodelnden Vulkankrater der Insel mit einem Blick, als würde man ihnen sogleich den Boden unter den Füssen wegziehen. Diese Menschen leiden nicht selten unter einer Schwächung des Yin-Organs Parasympathikus (eines weiteren Gliedes des vegetativen Nervensystems). Diese Schwächung kann sich so auswirken, dass die Darm-Peristaltik nicht mehr optimal gesteuert wird, denn der Parasympathikus beeinflusst den Plexus Myentericus, der zum Darm eigenen Nervensystem gehört und damit als ENS-Glied ebenfalls zum vegetativen Nervensystem. Das Parasympaticus und Plexus Myentericus übergeordnete Nervensystem ist die Formatio Reticularis, deren „Oliven" (Außenglieder des Organs im Hirnstamm) u. a. als Koordinationszentrum für die Muskelbewegungen bzw. für die Feinmotorik dient. Die dysfunktionale Darmperistaltik ist eine Stoffwechselstörung *(1.10.3-25)*{ }$_{52}$ = { }$_{62}$ = $W_{0□3}2$ (Massezerfall), weil ein bestimmtes Stadium des Massezerfalls aus den Verdauungssekreten, der über den Stuhlabgang normalerweise außerhalb des menschlichen Körpers stattfindet, z. T. in den Körper hinein verlegt ist. Weil alle Elementfunktionen gleich sind, findet die Rückkoppelung $W_{0□3}2 =_a \{f^*\}_□$ statt, die das Auslösen der Schmerzempfindung beinhaltet. Die Gehirnphysiologie, die aufgrund ihrer paradigmatischen Verankerung in der anti-logischen Axiomatik der sogenannten rationalen Wissenschaften befangen ist, irrt, wenn sie meint, die Schmerzempfindung werde durch gehirnphysiologische Prozesse generiert. Richtig ist, dass über $W_{0□3}2 =_a \{f^*\}_□$ ein Reiz ausgelöst wird, der im Übrigen gar nicht den Schmerz betrifft, sondern die neuronale Aktivierung des Parasympathikus, durch die die Darmperistaltik angeregt wird (deshalb lässt sich nach Migräneanfällen häufig ein kurzfristig vermehrter Stuhlabgang beobachten). Die Schmerzempfindung ist der zum Massezerfall von $W_{0□3}2$ analoge Zerfall des

Astral-*Qi* im *Bereich der Empfindung* und urständet in jener Astral-*Qi* Konstitutionsschwäche, die, was die Migräne betrifft, mit den auf hoher See schwankenden bzw. ratlos in die Inselvulkane starrenden Inselbewohnern in Verbindung gebracht werden muss. Die Diskonnektiertheit mit dem Astral-Kontinent k_3, die diesbezügliche Dekonstruktion des Menschen, ist ein pathologischer Tatbestand bzw. Zustand per se, und gehört zum derzeitigen Status der *condition humaine*. Sowohl für die, die k_3 vergessen haben und deshalb von den Flutwellen der Lebenskatastrophen mitgerissen werden, als auch für die, die heimatlos in k_2 bzw. k_1 herumirren. Beide Schwächen lassen sich nur mit konsequent durchgeführter Meditationsarbeit mildern. Die Mantrenvarianten für Sympathikus- bzw. Parasympathikus Konstitutionsschwächen sind wie folgt:

Sympathikus-Schwäche:

Auf den Wogen des Meeres
Sehne ich mich nach dem Kontinent,
Der mich mit der Möwe Jonathan begrüßt.
Ich kehre nach Hause zurück und finde den Frieden.

Parasympathikus-Schwäche

Mitten im Lebensschlund
Fühle ich den festen Grund,
Der sich im Unten aus einem Oben
Sanft als Lebensruhekraft um mich schließt.

Akupunkturtechnisch sind besonders die Kombinationen *Leber 3/Gallenblase 41* und *Dickdarm 4/MA 44* wichtig. Außerdem *Gallenblase 20; Leber 2; Milz 6; Magen 36; PE 6.*[111]

Aus den „acht Brokaten" des *Qi* Gong steht die Übung „Mit beiden Händen den Himmel stützen" zur Verfügung. Diese Übung entspannt Schultergürtel, Nacken und obere Extremitäten und hat mit den Bezügen zu den Akupunkturpunkten *GB 21, Dickdarm 11, Pericard 8, GB 30, GB 34* und *Niere 1* eine zweifache und direkte Beziehung zum Äther-*Qi* („Wurzel"; „Stamm"; „Ast", die pflanzlichen Bezüge weisen darauf hin, dass, *SST*-technisch gesprochen, Pflanzen reine Ätherwesen sind). Diese Übung ist wie für die zwei „Inselbewohner"-Typen gemacht. Patienten mit Sympathikus Indikationen konzentrieren sich bei der Übung auf das Heben der Arme (aufsteigende Bewegung), Patienten mit Parasympathikus Indikationen auf die Senkbewegung, die auch im Beckenbereich in die vollkommene Entspannung führen soll.[112] Außerdem ist die Übung *Fangsong Gong* aus dem Zyklus TiaoXin/TiaoShen zu empfehlen. Diese Übung führt die Arme vom Himmelstor (dem obersten Chakra) und auch über die Schultern nach unten zu den Zentren der Äther-*Qi* Substanzbildung („Sprudelnde Quellen", *Yongquan N 1*). Bei dieser Übung werden u. a. folgende Akupunkturpunkte entspannt: *GB 21, DU 4, GB 30, GB 34*.[113]

3.3 Nichtimmunologische Mastzellendegranulation

In den Kapiteln 3.1 und 3.2 wurden zwei Beispiele für Konstitutionsschwächen des Astral-*Qi* diskutiert. Das erste Beispiel betraf den Willensbereich mit der Elementfunktion {*f*} (Osteoarthrose) und das zweite Beispiel den Bereich des Gefühls- und Empfindungs-*Qi*,{*f**}, (Migräne). Nun soll noch in Kürze ein drittes Beispiel, die bisher noch nicht diskutierte dritte Astral-*Qi*-Funktion, {*f***}, betreffend, folgen, die auch als Logos-*Qi* bezeichnet werden kann. Für den Menschen ist der Verfall des Logos-*Qi* die Anti-Logik.

Wir kehren wieder auf unsere Insel zurück. Auf dieser Insel leben nicht nur die bereits angetroffenen Inselbewohner, sondern auch Goldgräber, die den Logos vollkommen vergessen haben. Allerdings nutzen sie alle Instrumente, die er ihnen gab, um die Erde der Insel auf der Suche nach Gold umzugraben. Goethes Faust wird im zweiten Teil zu so einem Goldgräber. Die Philosophie hat ihm nichts gebracht, die Wissenschaften an und für sich konnten ihn nicht fesseln. Die Liebe zu einer Frau hat ihn nur gestreift. Aber „Werke" zu tun (wie der Logos = Wort, das *ist*, =$_b$), das interessiert ihn. Leider gibt es keinen Faust III,

---

[111] Skojen (2006). S. 9 und S. 17.
[112] Buschmann a. a. O., S.
[113] Buschmann a. a. O., S. 18.

der den Achtzigjährigen mit einer Platin verstärkten Nasenscheidenwand als Kokain-Junkie zeigt, der sich am Chicagoer Rohstoffwarenterminmarkt mit auf Derivaten aufgebauten Rohstoffdeals verzockt hat, und, von Bloggern verfolgt, die ihm hunderttausendfache Beihilfe zum Mord an Kindern in Entwicklungsländern vorwerfen (Hungertod aufgrund von *food and nutrition asset inflation*, eine etwas herbere Nummer als die Faust II-Opfer Philemon und Baucis) nun, todmüde, in einer TCM-Praxis als Wrack aufschlägt. Die zweite Form der Logos-Dissoziation wird durch jene Inselbewohnerin typisiert, die in zehn Jahren erst eine Reiki-Praxis, dann ein Yoga-Studio und - die Esoterikindustrie zieht weiter - schließlich ein *Schweigezentrum* am Meer mit *Wala*-Produkten aufgezogen hat. Sie weiß viel, aber es gibt im Grunde nichts, was ihr irgendetwas bedeutet. Der dritte Typus der Logos-Dissoziation reflektiert die sich ausbreitende innere Leere und setzt der Auslöschung der Auslöschung (Anti-Logos) eine dritte Auslöschung, die Auslöschung der Leere, oben drauf. Dieser Typus ist kritisch, modern und funktioniert, teilweise glänzend, im Stressalltag der Insel. Körperliche Sensibilitäten und überfallmäßige Depressionen werden möglichst am Wochenende mit Pillen ausgeknipst. Aber dieser Typus leidet zunehmend an pathologischen Indikationen, die er nicht mehr alleine wegbringt. Und zu diesen Krankheiten gehört z. B. auch die nichtimmunologische Mastzellzerfalldegranulation mit erhöhter Histamin Ausschüttung. Der Neurotransmitter Histamin wendet sich, ausgelöst durch Pharmazusatzstoffe, aber auch Lebensmittelaromastoffe wie Chinin, gegen den eigenen Körper und es kommt z. B. zur pathologischen Beteiligung an allergenen Zuständen (auch Asthma) oder Hauterkrankungen (Nesselkrankheit). Natürlich lassen sich alle Symptome mit dem TCM-Behandlungsspektrum angehen, von der Akupunktur, bis zur Ernährung. Aber die eigentliche Quelle der Gesundung liegt dann doch woanders, nämlich in der Wahrheitssuche als Mantram. Je weiter die heutige „Zivilisation" fortschreitet, desto mehr werden sich jene Krankheiten häufen, die mit Verfallserscheinungen des Astral-*Qi* in Zusammenhang zu bringen sind. Bereits zum gegenwärtigen Zeitpunkt zeigt sich, dass dieser Verfall seine eigene Pathologie hervorbringt. Das ist auch der Grund dafür, warum diese kleine Skizze von Fallbeispielen der Bedeutung des Astral-*Qi* gewidmet wurde.

Formelsammlung

P1

$$(0) = {}_A[(0) = 0]_A. \tag{1.2-1}$$
$$(0) = (0) =_a (0) = (0) \tag{1.2-2}$$
$$_C[= 0]_C - _C[= 0]_C = {}_D[\ ]_D \tag{1.2-3}$$
$$_D[\ ]_D + _C[= 0]_C - _C[= 0]_C = z_1 = z_2 \text{ bzw. } _C[= 0]_C - _C[= 0]_C = {}_D[\ ]_D = z_2 \tag{1.2-4}$$
$$_C[= 0]_C = _C[= 0]_C = - _D[\ ]_D \tag{1.2-5}$$
$$\mathbf{0 = [= {}_D[\ ]_D]} \tag{1.2-6}$$
$$\mathbf{0 = {}_C[= 0]_C} \tag{1.2-7}$$
$$_D[\ ]_D = 0 \tag{1.2-8}$$
$$_C[=_b 0]_C =_a [=_b {}_D[\ ]_D] \tag{1.2-9}$$
$$\mathbf{0 =_a =_b 0 =_b} \tag{1.2-10}$$
$$_E[=_b {}_F[0]_E =_b]_F \tag{1.2-11}$$
$$_G[=_b 0]_G \tag{1.2-12a}$$
$$_H[=_b 0]_H \tag{1.2-12b}$$
$$_G[=_b 0]_G {}_H[=_b 0]_H \tag{1.2-12c}$$
$$0 =_a =_b 0 \tag{1.2-13a}$$
$$0 =_b =_a =_b 0 \tag{1.2-13b}$$
$$_G[=_b 0]_G =_a {}_H[=_b 0]_H \tag{1.2-13c}$$
$$_G[=_b 0]_G - {}_H[=_b 0]_H =_a {}_I[\ ]_I \tag{1.2-13d}$$
$$\mathbf{{}_G[=_b 0]_G {}_J[0 =_a =_a]_J {}_H[=_b 0]_H} \tag{1.2-14}$$

P₂

$$=_a =_a =_b =_a, \tag{1.3-1a}$$
$$=_b =_a =_a =_b =_a. \tag{1.3-1b}$$
$$\mathbf{=_a \{=_b\}} \tag{1.3-2}$$
$$[=_a =_a =_b]_A$$
$$[=_b =_a =_a]_B \ [=_a]_2 \ [=_a =_b =_a]_D [=_a]_1 \ [=_a =_b =_a]_E \tag{1.3-3}$$
$$[=_a =_a =_b]_C$$
$$\mathbf{=_c \{=_a =_b =_a\}} \tag{1.3-4}$$
$$[=_a =_a =_b]_A$$
$$[=_b =_a =_a]_B \ [=_a]_2 =_c \{=_a =_b =_a\} \tag{1.3-5}$$

$[=_a =_a =_b]_C$

$[=_a \overset{i}{\frown} =_a =_b]_A$

$[=_b \overset{ii}{\frown} =_a =_a]_B \quad [=_a]_2 =_c \{=_a =_b =_a\}$ $\qquad$ **(1.3-6)**

$[=_a \overset{iii}{\frown} =_a =_b]_C$

$r =_b =_c$ $\qquad$ **(1.3-7)**

Ist ist $=_a$ *Ist* $\qquad$ **(1.3-8)**

P_3

$_A[=_{c1} =_{aa} =_{c2}] =_{ab} [=_{c3} =_{ac} =_{c4}]_B$ $\qquad$ **(1.4-1)**

$[= - =_{w1}]_A =_a [= - =_{w2}]_B$ $\qquad$ **(1.4-2)**

$A = z_1 = B = z_2,$ $\qquad$ **(1.4-3)**

$A = z_1 = B = z_2 = A \ldots,$ $\qquad$ **(1.4-4)**

P_4

$=_c =_{a1} \{=_a =_b =_a\}$ $\qquad$ **(1.5-1)**

$=_c =_{a1} \{=_a =_b =_a =_{b1}\}$ $\qquad$ **(1.5-2)**

$=_c =_{a1} \{=_a =_b =_{a2} =_a =_{b1}\}$ $\qquad$ **(1.5-3)**

$=_c =_{a1} \{=_a =_b [=_{a2} =_b] =_a =_{b1}\}$ $\qquad$ **(1.5-4)**

$=_c =_{a1} \{_A[=_a =_b {}_B[[=_{a2} =_b]]_A =_a =_{b1}]_B\}$ $\qquad$ **(1.5-5)**

$=_c =_{a1} \{_A[=_a =_b [=_{a2} =_b]_A =_{a3} {}_B[=_{a2} =_b =_a =_{b1}]_B\}$ $\qquad$ **(1.5-6)**

$,,=_{a4}`` \cdot ,,=_{a5}`` \cdot ,,=_{a6}`` \cdot \ldots \to \infty$ $\qquad$ (1.5-7)

$\{\ \} f (=_{a^*})$ $\qquad$ **(1.5-8)**

$[\Sigma =_n - \Sigma =_{n-n}]_A [=_{a^*}] [\Sigma =_n - \Sigma =_{n-n}]_B$ $\qquad$ **(1.5-9)**

$z_1 \Sigma =_{n-n} - \Sigma =_{n-n} = z_1 = z_2$ $\qquad$ **(1.5-10)**

$z_1 \Sigma =_{n-n} - \Sigma =_{n-n} = {}_D[\ldots]_D = {}_D[\ldots]_D,$ $\qquad$ **(1.5-11)**

$\Sigma =_{n-n} - \Sigma =_{n-n} [=_{a^{**}}] \Sigma =_{n-n} - \Sigma =_{n-n} [=_{a^*}] \Sigma =_{n-n} - \Sigma =_{n-n}$ $\qquad$ **(1.5-12)**

$\Sigma =_{n-n} - \Sigma =_{n-n} [=_{a^{**}}][=_{a^*}]$ $\qquad$ **(1.5-13)**

$\Sigma =_{n-n} - \Sigma =_{n-n} [=_{a^*}][=_{a^{**}}]_1 [=_{a^{**}}]_2 [=_{a^*}] \Sigma =_{n-n} - \Sigma =_{n-n}$ $\qquad$ **(1.5-14)**

$$=_c =_{a1} [=_{a*}][=_{a**}]_1\{=_a =_b=_a\}, \tag{1.5-15}$$

$$\Omega_l =_{a1} [=_{a**}][=_{a*}] \tag{1.5-16}$$

$$[= - =_{w1}]_A \, \Omega_l \, [= - =_{w2}]_B \tag{1.5-17}$$

$$=_c \Omega_l \infty\{n=_a=_b\}, \tag{1.5-18}$$

Exkurs I: Zur Axiomatisierung der axiomatischen Unabhängigkeit

$$_A[=_a \, _B[\omega]_A\Omega_l]_B \tag{i}$$

$$_A[=_c [=_{a^-}] \, _B[\omega]_A [=_{a^-}] \, \Omega_l =_{a1} [=_{a**}][=_{a*}]]_B \tag{ii}$$

$$[= =\text{-}]_A \tag{iii}$$

$$_A[=_c - =_c =_a O \, _B[\omega]_A \, \Omega_l - [=_{a**}] [=_{a*}] O]]_B \tag{iv}$$

$$_A[O \, _B[\omega]_A O]_B \tag{v}$$

$$_A[O \, _B[=_a]_A O]_B \tag{vi}$$

$$_A[O_B[O]_A O]_B \tag{vii}$$

P_5

$$[Ist_a \; nicht \;]A \; [nicht \; ist]_B \; Ist_b \tag{1.6.1-1}$$

Ist ist … Nicht-Ist ist nicht (1.6.1-2)

$$Ist \; ist =_a Ist_N \tag{1.6.1-3}$$

$$Nicht\text{-}Ist_N [=_a \text{-}]_B \tag{1.6.1-4}$$

$$[Ist_a \; nicht \;]_A \; [ist \; nicht \;]_B \tag{1.6.1-5}$$

$$\neq_{ca} \neq_b, \tag{1.6.1-6}$$

$$\equiv\equiv \tag{1.6.1-7}$$

$$\equiv\equiv$$

$$_A[- - {}_B[-_{\square 1}]_{A^-} \text{-}]_B \tag{1.6.1-8a}$$

$$- - \{-_{\square 1} \}; - - \{-_{\square 1} \tag{1.6.1-8b}$$

$$logz_1 \{-_{\square 1} \} \tag{1.6.1-8c}$$

$$- \text{-}\{-_{\square 1} \}; - - \{-_{\square 1}\} =_{log} logz_1\{-_{\square 1} \tag{1.6.1-9a}$$

$$- -\{-_{\square 2} \}; - - \{-_{\square 2}\} =_{log} logz_2\{-_{\square 2} \} \tag{1.6.1-9b}$$

$$LA_1 \; \#_{cN1,} \tag{1.6.1-10a}$$

$$- -\{-_{\square 3} \}; - - \{-_{\square 4}\} =_{log} \; logz_3\{-_{\square 3} \} \tag{1.6.1-10b}$$

$$LA_1 \; LA_2 \tag{1.6.1-10c}$$

$$- =_{cN2} \; \rightarrow \neq_{cN2} \tag{1.6.1-11}$$

$$- -\{-_{\square 5} \}; - - \{-_{\square 5}\} =_{log} logz_4\{-_{\square 5} \} \tag{1.6.1-12}$$

$$-_{\square 6}LA_3 \rightarrow LA_1\, LA_2 \qquad (1.6.1\text{-}13)$$

$$\textit{Ist } LA_3 \vee LA_1\, LA_2 \qquad (1.6.1\text{-}14)$$

$$LA_3\{-_{\square 6}\};\ LA_1\, LA_2\{-_{\square 6}\} =_{log} logz_5\{-_{\square 6}\} \qquad (1.6.1\text{-}15)$$

$$\textit{Ist } \vee\ logz_5\{-_{\square 6}\} \qquad (1.6.1\text{-}16)$$

$$\textit{Ist oder Nicht-Ist}_{logz5} \qquad (1.6.1\text{-}17)$$

P_6

$$x\,[[-] =_a \tau]\ w = z. \qquad (1.6.2\text{-}1)$$

$$= x\,_D[\quad]_D = 0 = [\tau =_a [-]]\ w = x0 - w = z \qquad (1.6.2\text{-}2)$$

$$[-]-_{\square 7}\, logz_6\{-_{\square 7}\} =_{log} logw\{-_{\square 7}\} \qquad (1.6.2\text{-}3)$$

$$+ \qquad (1.6.2\text{-}4)$$

$$-_{\square 8}LA_{3a} \rightarrow LA_{1a}\, LA_{1b} \qquad (1.6.2\text{-}5)$$

P_7

$$sum{:}\ _c[=_1 0]_c = \,_c[= 0]_c - \,_D[\quad]_D \qquad (1.6.3\text{-}1)$$

$$y = \,_c[= 0]_c \qquad (1.6.3\text{-}2a)$$

$$z = sum{:}\ _c[=_1 0]_c, \qquad (1.4.6\text{-}2b)$$

$$_D[\quad]_D -_{\square 9}\, logw\{-_{\square 9}\} =_{log} logz_7\{-_{\square 9}\} \qquad (1.6.3\text{-}3)$$

$$-_{\square 10}\, LA_{3b} \rightarrow LA_{1c} \qquad (1.6.3\text{-}4)$$

P_8

$$x_n\,[[-] = \tau\,]\ w = z, \qquad (1.6.4\text{-}1)$$

$$x_{n*} = z_* = w_* = 0 \qquad (1.6.4\text{-}2)$$

$$[-] = \tau_* = x_{n*} \qquad (1.6.4\text{-}3a)$$

$$\tau_* = z_* = w_* = 0 \qquad (1.6.4\text{-}3b)$$

$$0 = z_* = w_* = 0 - \tau_* \qquad (1.6.4\text{-}3c)$$

$$0 + \tau_* = 0 \qquad (1.6.4\text{-}3d)$$

$$0 = \{n\tau_*\}, \qquad (1.6.4\text{-}4)$$

$$0\,[-] = \tau_* 0 = \tau_* \qquad (1.6.4\text{-}5)$$

$$_B[0\ _A[\tau_*]_{B*}0]_A = \tau_*, \qquad (1.6.4\text{-}6)$$

$$\tau_* = n\mathrm{N}, \qquad (1.6.4\text{-}7)$$

$$x + w = \tau = z; \qquad (1.6.4\text{-}8a)$$

$$x = \tau = z + w; \qquad \text{(1.6.4-8b)}$$
$$\tau + w = \tau = \tau + w; \qquad \text{(1.6.4-8c)}$$
$$\tau \, [\text{-}] \, \tau = 0 + \tau \qquad \text{(1.6.4-9)}$$

P_9

$$t = [\text{-}]_a \, [\text{-}]_b \, [\text{-}]_c \, m \qquad \text{(1.6.5A-1)}$$
$$\tau_t = [\tau \, [\text{-}]_b \, \tau] \, \tau_m \qquad \text{(1.6.5A-2)}$$
$$\tau_t = [\tau_a \, [\text{-}]_b \, \tau]_A = \tau_m \qquad \text{(1.6.5A-3)}$$
$$_{D^*}[\dots]_{D^*} = \tau_t = \tau_m \qquad \text{(1.6.5A-4)}$$
$$\boldsymbol{m = t = k = s = v = Entropie,} \qquad \text{(1.6.5A-5)}$$
$$_{Dm^*}[\dots]_{Dm^*} \, (_{Dk^*}[\dots]_{Dk^*} \,)_\square \, _{Dk^*}[\dots]_{Dk^*} = {}_{Dm^*}[\dots]_{Dm^*} \, (_{Dv^*}[\dots]_{Dv^*} \,)_\square \, _{Dv^*}[\dots]_{Dv^*} \qquad \text{(1.6.5A-6)}$$
$$[\text{-}] =_a \tau = \tau_m \, (\tau_k) \, (\tau_v) \qquad \text{(1.4.5A-7)}$$
$$\Omega_{la} = [\text{-}] = \tau = \tau_m \, (\tau_k) \, (\tau_v) \qquad \text{(1.6.5A-8)}$$
$$n[\tau_s \, (\tau_t)]_A = [\tau_k \, (\tau_m)]_B \qquad \text{(1.6.5A-9)}$$
$$[\tau_s \, [\text{-}] \, \tau_t]_A = 0 + (\tau_t) = [\tau_k \, [\text{-}] \, \tau_t]_B = 0 + (\tau_m) = \tau_v, \qquad \text{(1.6.5A-10a)}$$
$$A = z_{1N} = B = z_{2N} = A, \dots, \qquad \text{(1.6.5A-10b)}$$

P_{10}

$$kt/_a m \times k/_b t \times 1/_c m, \qquad \text{(1.6.5B-1)}$$
$$k \, _{Dt^*}[\dots]_{Dt^*} - m \times k - {}_{Dt^*}[\dots]_{Dt^*} \times 1/_c m \qquad \text{(1.6.5B-2)}$$
$$_{Dt^*}[\dots] \, _{Dt^*} = t - t \qquad \text{(1.6.5B-3)}$$
$$kt\{-_{\square 11}\}; t\{-_{\square 11}\} =_{log} logz_{10}\{-_{\square 11}\} - m \times k - t\{-_{\square 12} \}; t\{-_{\square 12}\} =_{log} logz_{11}\{-_{\square 12}\} \times 1/_c m$$
$$\text{(1.6.5B-4)}$$
$$/_b = [/] = \tau_\square \qquad \text{(1.6.5B-5)}$$
$$s \times k[/] = \tau \, t \times 1/m \qquad \text{(1.6.5B-6)}$$
$$s \times k[/][/]\tau = t \times 1/m \text{ bzw. } s \times k = [\text{-}][\text{-}]\tau = t \times 1/m \qquad \text{(1.6.5B-7)}$$
$$\tau_t = \tau_m^2 \times \tau_s \times \tau_v \qquad \text{(1.6.5B-8)}$$
$$s[\text{-}] = \tau_{i1} t \times k[\text{-}] = \tau_{ri2} m = c^2 \qquad \text{(1.6.5B-9)}$$
$$(s) = \tau_{i1} t \times (k) = \tau_{ri2} m = c^2 \qquad \text{(1.6.5B-10)}$$
$$c^2 \, \Omega_l \, \tau_{i1}\tau_t \times \tau_{i2}\tau_m \qquad \text{(1.6.5B-11)}$$
$$kt/_a m \times k -_\square t \times 1/_c m = Entropie \qquad \text{(1.6.5B-12)}$$
$$e \, [\text{-}] \, c = mc \qquad \text{(1.6.5B-13a)}$$

$mc + c - c = 0 = mc$ (1.6.5B-13b)

$2mc \, [- =_a] \, c = c$ (1.6.5B-13c)

$mc = [-][-][-]$ (1.6.5B-13d)

P_{11}

$[=_1 [-_{\square 13} =]_\square]_A \, \Omega_l \, [[= -_{\square 14}]_\square =_2]_B,$ **(1.7-1)**

$[= logz_{\square 12}]_A \, \Omega_l \, [logz_{\square 13} =]_B,$ **(1.7-2)**

$\not\equiv$

(1.7-3)

$\not\equiv$

$\equiv\equiv$ **(1.7-4)**

$\equiv\equiv$

$[= LA_{3d}]_A \, \Omega_l =_{an} [LA_{3e} =]_B$ **(1.7-5)**

$[= - =_{az1}]_A \, \Omega_l =_{an} [=_{az2} - =]_B$ **(1.7-6)**

$-_{\square n} =_{log1} log\tau_\square =_{log2} logx_\square =_{log3} logz_\square =_{log4} logw_\square$ **(1.7-7)**

$=_{log1-4} \leftrightarrow \Omega_l,$ **(1.7-8)**

$-_{\square n} \, \Omega_l \, log\tau_\square$ **(1.7-9)**

$-_{\square n} \, \Omega_l \, log\tau_\square \quad \rightarrow LA_3 \leftrightarrow {}_D[\ ]_D$ **(1.7-10)**

$(0)^* = {}_A[(0^*) = 0]_A -_\square LA_{3f}$ **(1.7-11)**

P_{12}

$[= - (=_{az1})]_A \, \Omega_l =_{an} [(=_{az2}) - =]_B$ **(1.8-1)**

$- \leftrightarrow (\ ),$ **(1.8-2)**

$log\tau_\square \leftrightarrow 0_\square$ **(1.8-3)**

P_{13}

(i) $01 - 1 = 0 = 0$; (ii) $1 = 1 = 2 \times 0$ **(1.9-1a)**

(i) $z_1 1 - 1 = z_1 = z_2$; (ii) $1 = 1 = 2$ **(1.9-1b)**

(i) $1 = 1 = 2$; (ii) $0 = 1 = 3$ **(1.9-1c)**

$$[\tau_a - \tau_b]_A \, \Omega_I \, [\tau_b - \tau_a]_B \qquad (1.9\text{-}2)$$

$$0 = 2 \qquad (1.9\text{-}3)$$

$$2\,(0) = z_1 \qquad (1.9\text{-}4a)$$

$$(2)\,0 = z_1 \qquad (1.9\text{-}4b)$$

$$2\,(0) = (2)\,0 \qquad (1.9\text{-}4c)$$

P_{14}

$$_c[= (0)]_c = [=_{c1} =_{c2}] \rightarrow \Omega \qquad (1.10.1.1\text{-}1)$$

$$=_{a1} {}^-{}_1 +_1 \qquad (1.10.1.1\text{-}2a)$$

$$=_{a2} {}^-{}_1 +_2, \qquad (1.10.1.1\text{-}2b)$$

$$=_{a1} {}^-{}_1 +_1 =_{a4} + f(\square_{11})^* \qquad (1.10.1.1\text{-}3a)$$

$$=_{a2}{}^-{}_1 +_2, =_{a5} + f(\square_{12})^*, \qquad (1.10.1.1\text{-}3b)$$

$$=_{a6} {}^-{}_1 +_2, =_{a7} + f(\square_{13})^* \qquad (1.10.1.1\text{-}3c)$$

$$=_{c3} {}^-{}_a {}^-{}_b \qquad (1.10.1.1\text{-}4)$$

$$=_{c3} =_{c4} =_{a8} {}^-{}_a {}^-{}_b \qquad (1.10.1.1\text{-}5)$$

$$=_{c3} =_{c4} [=_{a8} {}^-{}_a]_A {}^-{}_b \qquad (1.10.1.1\text{-}6)$$

$$=_{c3} =_{c4} [{}^-{}_a =_{a8}]_A {}^-{}_b \qquad (1.10.1.1\text{-}7)$$

$$[=_{c3} =_{c4} [{}^-{}_a]_B =_{a8}]_A {}^-{}_b \qquad (1.10.1.1\text{-}8)$$

$$=_{c3} =_{a8} [{}^-{}_a +_4]_A {}^-{}_b \qquad (1.10.1.1\text{-}9)$$

$$\Pi_0 - \square_2 = \square_1 \qquad (1.10.1.1\text{-}10)$$

$$+ f(\square_2)^* \qquad (1.10.1.1\text{-}11)$$

$$[[\Pi_0 - \square_2]]_A \, \Omega_I \, [[\Pi_0 - \square_1]]_B \qquad (1.10.1.1\text{-}12)$$

$$c^2 = =_c \qquad (1.10.1.1\text{-}13)$$

$$c^2 = c^2 \qquad (1.10.1.1\text{-}14)$$

$$c^2 - c^2 \qquad (1.10.1.1\text{-}15)$$

$$z + c^2 - c^2 = 0 = z \qquad (1.10.1.1\text{-}16)$$

$$0 + c^2 - c^2 = 0 = 0 \qquad (1.10.1.1\text{-}17)$$

$$c^2 = 0 \qquad (1.10.1.1\text{-}18)$$

$$c^2 = c^2 = c^2 \qquad (1.10.1.1\text{-}19)$$

$$2c^2 = c^2 = c^2 \qquad (1.10.1.1\text{-}20)$$

$$2c^2 = c^2 \qquad (1.10.1.1\text{-}21)$$

$$[a^2 + b^2] + [a^2 + b^2] = [a^2 + b^2] + [a^2 + b^2] \qquad (1.10.1.1\text{-}22a)$$

$$2c^{2*} = [a^2 + b^2] + [a^{2*} + b^{2*}] \qquad (1.10.1.1\text{-}22b)$$

$$2c^2 = [[c^2 - b^2]_A = [c^2 - a^2]_B]_I = [[c^{2*} - b^{2*}]_C = [c^{2*} - a^{2*}]_D]_{II} \qquad (1.10.1.2\text{-}1)$$

$A = z_1 = B = z_2 = A = C = z_3 = D = z_4 = C$ (1.10.1.2-2)

$k_1 = f(z_{2l}; z_{2r}; z_{4l}; z_{4r}; z_{1l}; z_{1r}; z_{3l}; z_{3r}) = n\,[[z_{2l,r} = z_{4l,r}] = [z_{1l,r} = z_{3l,r}]]$ (1.10.1.2-2)

$2c^2 - c_b^2 = c_a^2 = z_1 = z_2 = z_3 = z_4,$ (1.10.1.2-4)

$[c^2 + b^2] - b^2 = 0 = c_a^2$ (1.10.1.2-5a)

$[c_a^2 + b^2] = [b^2 = c_a^2]$ (1.10.1.2-5b)

$[c_a^2 = b^2] = [b^2 = c_a^2]$ (1.10.1.2-5c)

$c_a^2 = b^2 = a^2 = b^{2*} = a^{2*}.$ (1.10.1.2-6)

$2c^2 - c_a^2 = c_b^2 = z_1 = z_2 = z_3 = z_4,$ (1.10.1.2-7)

$k_{2,3} = f(c_{ar}; c_{al}, c_{br}; c_{bl}) = n[c_{ar} \times c_{al} = c_{br} \times c_{bl}]$ (1.10.1.2-8)

$k = [k_1 = k_2 = k_3]$ (1.10.1.2-9)

$z + [=_c - =_c] =_a Z =_a Z$ (1.10.1.3-1)

$[[=_{11} - =_{12}]_A\,\Omega_l\,[=_{21} - =_{22}]_{B\cdot}] =_{a5} [[=_{31} - =_{32}]_C\,\Omega_l\,[=_{41} - =_{42}]_D]$ (1.10.1.3-2)

$A = z_1 = B = z_2 = A\,...$ (1.10.1.3-3a)

$C = z_3 = D = z_4 = C\,...$ (1.10.1.3-3b)

$0_3 = \Omega_l\,\Omega_l\,\Omega_l$ (1.10.1.3-4)

$0_3 = \Omega_l$ (1.10.1.3-5)

$0_{3+n} = \Omega_l\,n\Omega_l\quad,$ (1.10.1.3-6)

P_{15}

$0 = 1$ (1.10.2-1)

$1 = 1 = 3$ (1.10.2-2)

$0 = 1 = 3 + 1$ (1.10.2-3)

$[- =_1]_A =_a (=)$ (1.10.2-4)

$[- =_1]_A =_a =_2 (\ )_\square$ (1.10.2-5)

$[=_1 - +]_A$

(1.10.2-6) $[=_1 + (\ )_\square]_A$ (1.10.2-7)

$[=_1 - =]_A \rightarrow [=_1 - +]_A \rightarrow [=_1 + (\ )_\square]_A =_a +=_2 (\ )_\square$ (1.10.2-8)

$=_2 + (\ )_\square$ (1.10.2-9)

$[+=_1 (\ )_\square]_A$ (1.10.2-10)

$[=_1 \{\ \}\leftrightarrow(\ )_\square]_A$ (1.10.2-11)

$=_c =_{a1} \{\ \}f(=_{a*})^*[=_{a**}]\{=_1\{\ \}\}$ (1.10.2-12)

$0 = \{\infty\{0\{\ \}_1\leftrightarrow(\ )_\square\}_2\}_3$ (1.10.2-13)

$$\{\ \}_1 \leftrightarrow \{\ \}_2, \qquad (1.10.3\text{-}1)$$

$$0 = \{A;B\}_0 \qquad (1.10.3\text{-}2)$$

$$\{\ \}_2 \leftrightarrow \{\ \}_3 \qquad (1.10.3\text{-}3)$$

$$0 = \{A;B;C\}_0. \qquad (1.10.3\text{-}4)$$

$$O(0) -_{\square n} O(0) = 0_{\square} \qquad (1.10.3\text{-}5)$$

$$k_1 - k_2 - k_3 = 0_{\square 1} = \{0 = \{\infty\{0\}_2\}_3 \}_4. \qquad (1.10.3\text{-}6a)$$

$$k_1 -_{\square k1} [k_2 - k_3] =_{log} -_{\square k1} \Omega_l \, log x_{\square k1} \qquad (1.10.3\text{-}6b)$$

$$\{\ \}_3 = \{\ \}_{41} = W_{0\square 1}1 \qquad (1.10.3\text{-}7a)$$

$$\{\ \}_3 = \{\ \}_{42} = W_{0\square 1}2 \qquad (1.10.3\text{-}7b)$$

$$0_{\square 1} = \{A;B;C;D\}_0 \qquad (1.10.3\text{-}8)$$

$$w = [k_2 - k_3] \qquad (1.10.3\text{-}9)$$

$$0_{\square 1} + [k_2 - k_3] - [k_2 - k_3] = 0_{\square 2} = 0_{\square 1} \qquad (1.10.3\text{-}10a)$$

$$[k_2 - k_3] - [k_2 - k_3] = 0_{\square 2} - 0_{\square 1} = 0_{\square 2} - 0_{\square 1} = 0_{\square 2} \qquad (1.10.3\text{-}10b)$$

$$0_{\square 2} = [k_2 - k_3] \qquad (1.10.3\text{-}11)$$

$$0_{\square 2} = \{0_{\square 1} = \{0(0) = \{\infty\{0\}_2\}_3 \}_4\}_5. \qquad (1.10.3\text{-}12)$$

$$[k_2 - k_3]_I = [k_2 - k_3]_{II} \qquad (1.10.3\text{-}13a)$$

$$I = z_2 = II = z_3 = I, \dots \qquad (1.10.3\text{-}13b)$$

$$[\tau_a - \tau_b]_A = 0 + \tau_a \, \Omega_l \, [\tau_b - \tau_a]_B = 0 + \tau_b \qquad (1.10.3\text{-}14)$$

$$[k_2 -_{\square k2} k_3]_{III} = [k_2 -_{\square k2} k_3]_{IV} =_{log} -_{\square k2} \Omega_l \, log x_{\square k2} \qquad (1.10.3\text{-}15)$$

$$\{\ \}_{41} = \{\ \}_{51} = W_{0\square 2}1 \qquad (1.10.3\text{-}16a)$$

$$\{\ \}_{42} = \{\ \}_{52} = W_{0\square 2}2 \qquad (1.10.3\text{-}16b)$$

$$0_{\square 2} = \{A;B;C;D;E\}_0 \qquad (1.10.3\text{-}17)$$

$$k_3 - k_2 - k_1 = 0_{\square 3} = \{0_{\square 2} = \{0_{\square 1} = \{0 = \{\infty\{0\{(0)\}_1\}_2\}_3 \}_4\}_5\}_6 \qquad (1.10.3\text{-}18)$$

$$[0_{\square 3}\{(0)\}_1]_V = [0_{\square 3}\{(0)\}_1]_V \qquad (1.10.3\text{-}19a)$$

$$V = z_6 = VI = z_7 = V, \dots \qquad (1.10.3\text{-}19b)$$

$$k_3 = +0_{\square 3}(0) -0_{\square 3}(0) = 0_{3}. \qquad (1.10.3\text{-}20)$$

$$\{\ \}_{51} = \{\ \}_{61} = W_{0\square 3}1 \qquad (1.10.3\text{-}21)$$

$$=_{cm} = 0_3 \cdot 0_{\square 2} = T_2 \qquad (1.10.3\text{-}22)$$

$$0_{\square 2} = \{A;B;C;D;E;F\}_0 \qquad (1.10.3\text{-}23)$$

$$[k_3 - 0_{3}\cdot]_{VII} = [0_{\square 3} -_{\square k3} 0_{\square 3}]_{VIII} =_{log} log\tau_{\square 3} \qquad (1.10.3\text{-}24a)$$

$$VII = z_{10} = VIII = z_{11} = VII, \dots \qquad (1.10.3\text{-}24b)$$

$$\{\ \}_{52} = \{\ \}_{62} = W_{0\square 3}2 \qquad (1.10.3\text{-}25)$$

$$[k_3 - 0_{3}\cdot]_{VII} = k_3\{0_{3}\cdot\}_{61} \qquad (1.10.3\text{-}26)$$

$[k_3 =_a k_2 =_a k_1]_{IX} =_a [k_3 =_a k_2 =_a k_1]_X$ (1.10.3-27a)

$IX = z_{12} = X = z_{13} = IX \ldots,$ (1.10.3-27b)

$k_3\{O_{3\cdot}\}_{61} = k_2\{O_{3\cdot}\}_{71}$ (1.10.3-28)

$\{\ \}_{61} =_a \{\ \}_{71}$ (1.10.3-29)

$\Omega_{la} =_b \{\ \}_{61} =_a \{\ \}_{71}$ (1.10.3-30)

$\Omega_{la} =_b T_5$ (1.10.3-31)

$\Omega_{la} = \{A;B;C;D;E;F;G\}_0$ (1.10.3-32)

$1_a \times = = 1$ (1.10.3-33)

$1_a \times \Omega_{IIn} = 1$ (1.10.3-34)

$1_B \times \Omega_{IIBn}\{\Omega_{b1} \times \Omega_{b2} \times \Omega_{b3} \times \Omega_{b4}\ldots\} = 1_B$ (1.10.3-35)

P_{17}

$\Omega = =_i =_{ii} =_{iii}$ (1.10.5-1)

$\Omega = A$ (1.10.5-2)

$\Omega = B$ (1.10.5-3)

$\Omega = A =_{a3} B$ (1.10.5-4)

$\Omega =_{a4} ACB$ (1.10.5-5)

$\Omega\, DACB$ (1.10.5-6)

Im Anfang war das Wort

$\{W\}A,$

mit W = Wort und A = Anfang

und das Wort war bei Gott

$\{WG\}A,$

mit G = Gott

und Gott war das Wort

$\{W= G_2 = G_1\}A$

$A = W = G_2 = G_1$

$A = W$

$W = G_2$

$G_2 = G_1$

$W = G_1$

$A = G_2$

$A = G_1$

$=_1 = =_2$ *Gleichheit A*
$=_2 = =_3$ *Gleichheit B*
$=_3 = =_4$ *Gleichheit C*
$=_2 = =_4$ *Gleichheit D*
$=_1 = =_3$ *Gleichheit E*
$=_1 = =_4$ *Gleichheit F,*

ABCDEF

Wegen

ABCDEF

heisst es:

Das Selbe (die Gleichheiten) war im Anfang bei Gott

$G\{A; B; C; D; E; F\}$

Dieser Ausdruck zeigt, dass Gott selbst eine Identität und Menge ist, weswegen

$\Omega_G \{A; B; C; D; E; F ...\}$,

mit Ω_G = Gott und *; B; C; D; E; F ...* = Δ^* (das Selbst als Summe der in Gott existenten Gleichheiten), gilt.

Alle Dinge sind als das Viele im Gleichen und das Gleiche im Vielen gemacht

$\Omega_G\{M\}$

mit M = Menge (Menge aller gleichen Dinge im Sinne Laozi`s und Georg Cantors).

und von allem, was gemacht ist, ist ohne das Selbst das Nichts gemacht

$\Delta^* -_\square \Delta^* =_{log} [\Omega_I = \Omega_G] -_\square log\tau_\square$

(diese Gleichung enthält *(1.7-9)*).

In ihm (im Wort, d. Verf.) *war das Leben*

AB$\{L_e\}$**CDEF**

mit L_e = Leben

Das Leben erhöht die Anzahl an Gleichheiten auf *sieben*, sodass grundsätzlich ab hier

ABCDEFG

gilt.

und das [Leben war das Licht]$_a$ [und Leben und Licht]$_b$ [ist der Mensch]$_c$

$\{L_e = L_i\}W,$

mit L_i = Licht. Die Identität des Menschen ergibt sich mit

$\{\Omega_M = L_e = L_i\}W,$

mit Ω_M = Identität des Menschen. Damit ist sein neues „Kleid" gemäß (1.10.3-31) $\Omega_{la} =_b T_5$ gemeint und es gilt

$\{\Omega_M = L_e = L_i\}W =_b \Omega_{la} =_b T_5$

und damit die Gleichheit der Johanneischen Meta-Mathematik mit den taoistischen sieben Elementsätzen zur Null.

und das Licht scheint in der Finsternis

$\Omega_M (F)$,

(der Mensch als strahlendes Licht in der Finsternis) mit F = Finsternis (Negativ des Lichts).

und die Finsternis hat`s nicht begriffen

Daraus erfolgen die Lösungen

C. $F [-] \Omega_M = z \rightarrow \{\Omega_M = L_e = L_i\}W =_b \Omega_{la} =_b T_5$

D. $\Omega_M = F - z$ (Zerfall der menschlichen Identität, Johannes der Apokalyptiker).

P_{18}

$=_c =_b =_a$	(1.10.6.1-1)
$=_c =_b - \{-\}$	(1.10.6.1-2)
$1-1 = 0 - 1= 0_a$	(1.10.6.1-3)
$1-1 = 0 = 0 [+]$ sum:1 $\rightarrow \oplus\{$sum: 1$\}$,	(1.10.6.1-4)
$1-1\ \Omega_I\ 0 -$ sum:1 $\Omega_{II}\ 0_a$	(1.10.6.1-5)
$1 -$ sum:1 $\Omega_I\ 0 -$ sum:1 $\Omega_{II}\ 0_a$	(1.10.6.1-6)
$1\ \boxtimes\ 1 = 0\ \boxtimes\ 1= 0_a$	(1.10.6.1-7)
$1 \otimes 1 = 0 \otimes 1= 0_a$,	(1.10.6.1-8)
$1 \odot 1 = 0\ \odot 1= 0_a$,	(1.10.6.1-9)
$1 \odot 1\ \Omega_I\ 0\ \odot 1\ \Omega_{III}\ 0_a$,	(1.10.6.1-10)

P_{19}

$[-]\ \Omega_I\Omega_{II}\Omega_{IIIa} \{ \tau_{Qi1}\ I\ \{logx_{\square k2}\}_{61a}\{logx_{\square k3}\}_{61b}\}_{Qi1}$,	(2.1-1)
$\{\{ \}f\{ \}f^*\}_{Qi1}$	(2.2-1)
$\{\{f\}\{f^*\}\{f^{**}\}\}_{Qi2}$	(2.2-2)
$[-]\ \Omega_I\Omega_{II}\Omega_{IIIb}\Omega_{IIIa} \{\{ \tau_{Qi1}\ I\ \{logx_{\square k2}\}_{61a}\{logx_{\square k3}\}_{61b}\}_{Qi1}\}_{Qi2}$,	(2.2-3)
$\Omega_{II} \{\Omega_{IIIa}\Omega_{IIIb}\}$	(2.2-4)
$[-]\Omega_I\Omega_{II}\{\Omega_{IIIa}\Omega_{IIIb}\{\{\tau_{Qi1}\ I\ \{logx_{\square k2}\}_{61a}\{logx_{\square k3}\}_{61b}\}_{Qi1}\}_{Qi2}\}_{QII}$	(2.2-5)

$$\Omega_I \Omega_{II} \{ \Omega_{IIIa} \ [+] \ \Omega_{IIIb} \{ \{ \tau_{Qi1} \ I \ \{ logx_{\square k2} \}_{61a} \{ logx_{\square k3} \}_{61b} \}_{Qi1} \}_{Qi2} \}_{\Omega II}, \qquad (2.2\text{-}6)$$

$$\{ \{ \{ f \} \{ f^* \} \{ f^{**} \} \}_{Qi21} \}_{Qi22}, \qquad (3.2\text{-}1)$$

$$\{ \{ \{ f^1 \} \{ f^2 \} \{ f^3 \} \} \{ f^4 \} \ \}_{Qi22}, \qquad (3.2\text{-}2)$$

$$[\{ \ \}_{Qi22} - \{ \{ f \} \{ f^* \} \{ f^{**} \} \}_{Qi21}] = z_1 + z_2 = z_1 + \{ \{ f \} \{ f^* \} \{ f^{**} \} \}_{Qi21} \qquad (3.2\text{-}3)$$

Literaturverzeichnis

Adler, Joseph A. (1999): Zhou Dunyi: The Metaphysics and Practice of Sage-hood, in: Sources of Chinese Traditions, 2nd ed., vol 1, chapter 20.

Bierbach, Elvira (Hrsg.) (2006): Naturheilpraxis Heute

Burkert, Walter (1962): Weisheit und Wissenschaft; Studien zu Pythagoras, Philolaos und Plato

Buschmann, Birgit (2010): Qi Gong Grundkurs (Manuskript, Tao-Chi Schule für Traditionelle Chinesische Medizin, Zürich)

Faller, A. (1999): Der Körper des Menschen - Einführung in Bau und Funktion

Gablentz, Georg von der (Hrsg.) (1876): Thai-kih-thu, des Tscheu-Tsi -Tafel des Urprinzipes

Geldsetzer, Lutz (2000): Lao Zi Dao De Jing. Eine philosophische Übersetzung, in: *www.phil-fak.uni-duesseldorf.de/philo/LaoZiDao.html*

Gödel, Kurt (1931): Über Formal Unentscheidbare Sätze der „Principia Mathematica" und Verwandter Systeme I, Monatshefte für Mathematik und Physik 38, S. 173-198

Hecher, Hans-Ulrich/Steveling Angelika/Penker Elmar T. (Hrsg.) (2010): Praxis-lehrbuch Akupunktur

Hilbert, David (1900): Mathematische Probleme - Vortrag, gehalten auf dem internationalen Mathematiker-Kongress zu Paris 1900. In: Nachrichten von der Königl. Gesellschaft der Wissenschaften zu Göttingen. Mathematisch-Physikalische Klasse. S. 253–297

Hornung, Erik (2001): The Secret Lore of Egypt: Its Impact on the West

Ders. (2002): Conceptions of God in Egypt: The One and the Many

Jerosch, J./Heisel, J. (Hrsg.) (2010): Management der Arthrose - Innovative Therapiekonzepte

Kalinke, Viktor (1996): Nichtstun als Handlungsmaxime - Deutungsvariationen im 1. Kapitel des Daodejing (Vortragsmanuskript, Universität Leipzig in: *http://www.erata.de /autoren/ laozi_essay.pdf*)

Lazorthes Y./Esquerré J.P./Simon J./Guiraud G./Guiraud R. (1990): Acupuncture meridians and radiotracers, Pain 1990 Jan;40(1):109-12

Maciocia, Giovanni (1997): Die Grundlagen der Chinesischen Medizin

Mann. Felix (2000): Reinventing Acupuncture

Mc Kenna, Stephen E./Mair Victor H. (1979): A recording of the Hexagrams of the I Ching, Philosophy East and West 29 (4), pp. 421 – 441

Meng, Alexander/Exel Wolfgang (2008): Chinesische Heilkunst

Parmenides *Über die Natur*, in: http://www.parmenides.com/about*parmeni des / Parmenides Poem.html*

Pomeranz, Bruce (2001): Acupuncture Analgesia – Basic research, in: Stux C./Hammerschlag R. (eds): Clinical Acupuncture

Ramón, Andrés (2005): Weltanschauung und Selbsterkenntnis Philosophische Perspektiven des Westens und des Ostens; B. A. Thesis, University of Island.

Redmont, Georges de (2010): Die Neubegründung der Wissenschaft aus dem Geist der Antike - Eine Trilogie

Ders. (2013): Money and Capital in Online Exchange Communities

Robinet, Isabelle (1990) The Place and Meaning of the Notion of Taiji in Taoist Sources Prior to the Ming Dynasty, History of Religions, 23, no. 4, pp. 373 - 411

Roth, Gerhard (2007): Fühlen, Denken, Handeln: Wie das Gehirn unser Verhalten steuert

Scholz, Erhard (2006): Die Gödelschen Unvollständigkeitssätze und das Hilbertsche Programm einer "finiten" Beweistheorie. In W. Achtner (Hrsg.): Künstliche Intelligenz und menschliche Person, S. 15 ff.

Singer, Wolf (2006): Der freie Wille ist nur ein gutes Gefühl. Interview mit Wolf Singer in: Sueddeutsche Online, *http://www.sueddeutsche.de/wissen/ hirnforschung-und-philosophie-der-freie-wille-ist-nur-ein-gutes-gefuehl-1.1046593*

Skojen, James (2010): Akupunkturlokalisation - Grundlagen (Manuskript, Tao Chi Schule für Traditionelle Chinesische Medizin, Zürich)

Ders. (2006): Muster-Differenzierung in der Traditionellen Chinesischen Medizin (Band II)

Specht, Annette (1998): Der Zhuangzi-Kommentar des Zhu Dezhi (fl. 16. Jh.). Zur Rezeption des Zhuangzi in der Ming-Zeit.

Sun, Y./Gan, T.J.(2008): Acupuncture for the management of chronic headache: a systematic review, Anesth Analg. Dec;107(6), pp. 2038-47.

Takeshige, C./Sato, M. (1996): Acupuncture and Electro-therapeutics Research, Europe PubMed Central, 21(2), pp. 119 - 131.

Wilhelm, Richard: I Ging (Übersetzung), in: *http://www.iging.com/laotse/ LaotseD.htm#62* (online Ausgabe)

Ders.: Introduction to the I Ging, in: *http://www.iging.com/intro/ introduc.htm*

Wilhelm, Hellmut (1959): I-Ching Oracles In The Tso-Chuan And The Kuo-Yü, Journal of the American Oriental Society, Vol. 79, no. 4, pp. 275 - 280

Wilhelm R./Wilhelm H. (1995): Understanding the I Ching: The Wilhelm Lectures on The Book of Changes

Zhang, W./Robertson, J./Jones, A. C./Dieppe, P. A./Doherty, M. (2008):The placebo effect and its determinants in osteoarthritis: meta-analysis of randomised controlled trials, Ann Rheum Dis2008;67:1716-1723 doi:10.1136/ ard.2008.092015